"十四五"职业教育国家规划教材

职业教育"十三五"
数字媒体应用人才培养规划教材

Animate

CC 2019

微课版

动画制作与应用

周建国 ◎ 主编　　王晓君 张佃龙 任爱华 ◎ 副主编

人民邮电出版社
北　京

图书在版编目（ＣＩＰ）数据

Animate CC 2019动画制作与应用：微课版 / 周建
国主编. -- 北京：人民邮电出版社，2020.9
职业教育"十三五"数字媒体应用人才培养规划教材
ISBN 978-7-115-53768-3

Ⅰ. ①A… Ⅱ. ①周… Ⅲ. ①超文本标记语言-程序
设计-职业教育-教材 Ⅳ. ①TP312.8

中国版本图书馆CIP数据核字(2020)第058185号

内 容 提 要

Animate 是一款功能强大的交互式动画制作软件。本书将对 Animate 目前的主流版本 Animate CC 2019 的基本操作方法、各个绘图工具和编辑工具的使用、各种类型动画的设计方法以及动作脚本在复杂动画和交互动画设计中的应用进行详细的介绍。

全书分为上下两篇。上篇主要包括 Animate CC 2019 基础知识、绘制与编辑图形、对象的编辑和操作、编辑文本、外部素材的使用、元件和库、制作基本动画、层与高级动画、声音的导入和编辑、动作脚本应用基础、组件和动画预设等内容；下篇精心安排了动态标志设计、社交媒体动图设计、动态海报设计、电商广告设计、节目片头设计等应用领域的 25 个精彩案例，并对这些案例进行了全面的分析和讲解。

本书适合作为职业院校 Animate 相关课程的教材，也可供相关从业人员自学参考。

◆ 主　　编　周建国
　　副 主 编　王晓君　张佃龙　任爱华
　　责任编辑　桑　珊
　　责任印制　王　郁　马振武
◆ 人民邮电出版社出版发行　北京市丰台区成寿寺路 11 号
　　邮编　100164　电子邮件　315@ptpress.com.cn
　　网址　https://www.ptpress.com.cn
　　固安县铭成印刷有限公司印刷
◆ 开本：787×1092　1/16
　　印张：18　　　　　　　2020 年 9 月第 1 版
　　字数：454 千字　　　2025 年 1 月河北第 7 次印刷

定价：59.80 元

读者服务热线：(010)81055256　印装质量热线：(010)81055316
反盗版热线：(010)81055315
广告经营许可证：京东市监广登字 20170147 号

前言　FOREWORD

Animate 是由 Adobe 公司开发的网页动画制作软件。它功能强大、易学易用，深受网页制作爱好者和设计人员的喜爱，已经成为这一领域非常流行的软件之一。目前，我国很多职业院校的数字媒体艺术类专业都将"Animate"作为一门重要的专业课程。为了帮助职业院校的教师全面、系统地讲授这门课程，使学生能够熟练地使用 Animate 来进行创意设计，我们几位长期在职业院校从事 Animate 教学的教师和专业网页动画设计公司经验丰富的设计师共同编写了本书。

本书全面贯彻党的二十大精神，以社会主义核心价值观为引领，传承中华优秀传统文化，坚定文化自信，使内容更好体现时代性、把握规律性、富于创造性。

本书具有完善的知识结构体系。在基础技能篇中，本书按照"软件功能解析 → 课堂案例 → 课堂练习 → 课后习题"这一思路进行编排。通过软件功能解析，学生可快速熟悉软件功能和制作特色；通过课堂案例演练，学生可深入学习软件功能和动画设计思路；通过课堂练习和课后习题，学生可拓展实际应用能力。在案例实训篇中，根据 Animate 在实际设计中的主流应用领域，本书精心安排了 25 个专业设计案例。通过对这些案例的全面分析和详细讲解，学生可在学习过程中更加贴近实际工作，艺术创意思维更加开阔，实际设计制作水平也能不断提升。在内容编写方面，我们力求细致全面、重点突出；在文字叙述方面，我们注意言简意赅、通俗易懂；在案例选取方面，我们强调案例的针对性和实用性。

为方便教师教学，本书配备了所有案例的素材及效果文件、详尽的案例操作视频、PPT 课件、教学大纲等丰富的教学资源，任课教师可到人邮教育社区（www.ryjiaoyu.com）下载。本书的参考学时为 60 学时，其中实践环节为 22 学时，各章的参考学时参见下面的学时分配表。

前言

章	课程内容	学时分配（学时）	
		讲 授	实 训
第 1 章	Animate CC 2019 基础知识	1	
第 2 章	绘制与编辑图形	2	1
第 3 章	对象的编辑和操作	2	2
第 4 章	编辑文本	1	1
第 5 章	外部素材的使用	2	1
第 6 章	元件和库	2	1
第 7 章	制作基本动画	2	1
第 8 章	层与高级动画	2	1
第 9 章	声音的导入和编辑	1	1
第 10 章	动作脚本应用基础	2	2
第 11 章	组件和动画预设	1	1
第 12 章	动态标志设计	4	2
第 13 章	社交媒体动图设计	4	2
第 14 章	动态海报设计	4	2
第 15 章	电商广告设计	4	2
第 16 章	节目片头设计	4	2
学 时 总 计		38	22

由于编者水平有限，书中难免存在不妥之处，敬请广大读者批评指正。

编 者

2023 年 5 月

Animate
教学辅助资源及配套教辅

素材类型	名称或数量	素材类型	名称或数量
教学大纲	1 套	课堂实例	29 个
电子教案	16 单元	课后实例	30 个
PPT 课件	16 个	课后答案	30 个
第 2 章 绘制与编辑图形	绘制引导页中的汉堡	第 11 章 组件和动画预设	制作房地产广告
	绘制美食 App 图标		制作旅行箱广告
	绘制天气图标		制作小风扇广告
	绘制引导页中的插画	第 12 章 动态标志设计	制作影视动态标志
第 3 章 对象的编辑 和操作	绘制时尚插画		制作科技动态标志
	制作音乐播放界面		制作艺术动态标志
	绘制帆船风景插画		制作电子竞技动态标志
	绘制黄昏风景		制作音乐动态标志
第 4 章 编辑文本	制作女装 Banner 广告	第 13 章 社交媒体动图设计	制作美食类微信公众号横版海报
	制作教育标志		制作社交媒体类微信公众号首图
	制作散文页面		制作社交媒体类微信公众号文章配图
第 5 章 外部素材的使用	制作运动鞋主图		制作社交媒体类微信公众号关注页
	制作液晶电视广告		制作社交媒体类微信公众号日签
	制作旅游广告	第 14 章 动态海报设计	制作节日类动态海报
	制作冰啤广告		制作美妆类动态海报
第 6 章 元件和库	制作教育插画		制作旅游类动态海报
	制作小鸟卡片		制作促销类动态海报
	制作动态按钮		制作甜品类动态海报
第 7 章 制作基本动画	制作加载条动画	第 15 章 电商广告设计	制作女包广告
	制作文字动画		制作空调扇广告
	制作微信公众号动态引导关注		制作豆浆机广告
	制作汉堡广告		制作手机广告
第 8 章 层与高级动画	制作飘落的叶子动画		制作女装广告
	制作手表宣传图	第 16 章 节目片头设计	制作体育节目片头
	制作飞行小飞机		
第 9 章 声音的导入和编辑	制作游戏界面		制作谈话节目片头
	制作汽车广告		制作音乐节目片头
	制作音乐贺卡		
第 10 章 动作脚本 应用基础	制作闹钟详情页主图		制作时装节目片头
	制作漫天飞雪		制作卡通歌曲片头
	制作鼠标指针跟随		

扩展知识扫码阅读

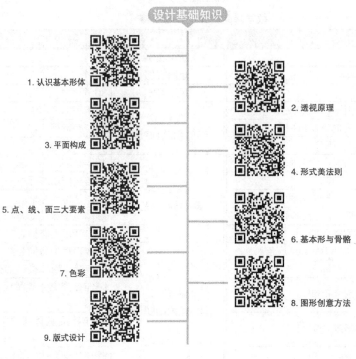

设计基础知识

1. 认识基本形体
2. 透视原理
3. 平面构成
4. 形式美法则
5. 点、线、面三大要素
6. 基本形与骨骼
7. 色彩
8. 图形创意方法
9. 版式设计

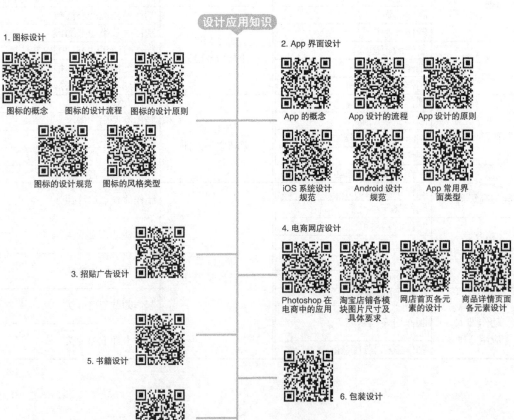

设计应用知识

1. 图标设计
图标的概念　图标的设计流程　图标的设计原则
图标的设计规范　图标的风格类型

2. App 界面设计
App 的概念　App 设计的流程　App 设计的原则
iOS 系统设计规范　Android 设计规范　App 常用界面类型

3. 招贴广告设计

4. 电商网店设计
Photoshop 在电商中的应用　淘宝店铺各模块图片尺寸及具体要求　网店首页各元素的设计　商品详情页面各元素设计

5. 书籍设计

6. 包装设计

7. 网页设计

目 录　　　　C O N T E N T S

上篇　基础技能篇

目 录

CONTENTS

目 录

下篇　案例实训篇

CONTENTS

目 录

01

第 1 章
Animate CC 2019 基础知识

本章主要讲解 Animate CC 2019 的基础知识和基本操作。通过学习这些内容，读者可以认识和了解 Animate CC 2019 工作界面的构成，并掌握文件的基本操作方法和技巧，为以后的动画设计和制作打下一个坚实的基础。

课堂学习目标

- 了解 Animate CC 2019 的工作界面
- 掌握文件操作的方法和技巧

1.1 工作界面

Animate CC 2019 的工作界面由以下几部分组成：菜单栏、工具箱、场景和舞台、时间轴、"属性"面板以及浮动面板，如图 1-1 所示。

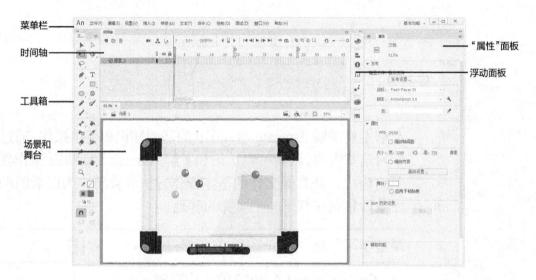

图 1-1

1.2 文件操作

在一个空白的文件中绘图，首先需要在 Animate 中新建一个空白文件。如果要对图形或动画进行修改和处理，就需要在 Animate 中打开需要的动画文件。修改或处理动画后，可以将动画文件进行保存。下面我们就来讲解如何新建、保存和打开动画文件。

1.2.1 新建文件

新建文件是使用 Animate CC 2019 进行设计的第一步。

在 Animate CC 2019 软件中，没有任何文档打开时，创建文档必须通过欢迎页进行创建，欢迎页如图 1-2 所示。在欢迎页的中上方选择要创建文档的类型，在"预设"选项中选择需要的预设，也可以在"详细信息"选项中自定义设置尺寸、单位和平台类型。设置好之后单击"创建"按钮，即可创建一个新文档，如图 1-3 所示。

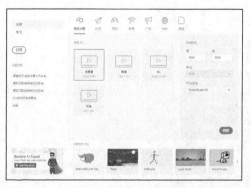

图 1-2

当有文档打开时，新文档可通过"文件"菜单命令进行创建。选择"文件 > 新建"命令，或按 Ctrl+N 组合键，弹出"新建文档"对话框，如图 1-4 所示，在对话框中进行设置，设置好之后单击"创建"按钮，即可创建一个新文档。

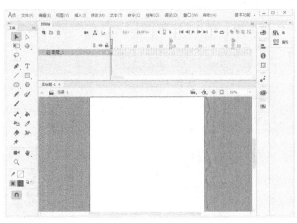

图 1-3

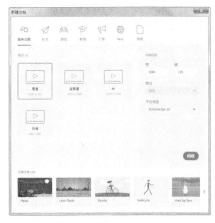

图 1-4

1.2.2 保存文件

编辑和制作完动画后，还需要将动画文件进行保存。

通过"文件 > 保存"命令（或按 Ctrl+S 组合键）、"文件 > 另存为"命令（或按 Ctrl+Shift+S 组合键），可以将文件保存在磁盘上，如图 1-5 所示。设计好的作品进行第一次存储时，选择"文件 > 保存"命令，弹出"另存为"对话框，如图 1-6 所示。在对话框中，输入文件名，选择保存类型，单击"保存"按钮，即可将动画保存。

图 1-5

图 1-6

提示

当对已经保存过的动画文件进行了各种编辑操作后，选择"文件 > 保存"命令，将不弹出"另存为"对话框，计算机直接保留最终确认的结果，并覆盖原始文件。因此，在未确定要放弃原始文件之前，应慎用此命令。

若既要保留修改过的文件，又不想放弃原文件，可以选择"文件 > 另存为"命令，弹出"另存为"对话框。在对话框中，可以为更改过的文件重新命名、选择路径并设定保存类型，然后进行保存。

这样，原文件保留不变。

1.2.3　打开文件

如果要修改已完成的动画文件，必须先将其打开。

选择"文件 > 打开"命令，或按 Ctrl+O 组合键，弹出"打开"对话框。在对话框中搜索路径和文件，确认文件类型和名称，如图 1-7 所示。然后单击"打开"按钮，或直接双击文件，即可打开所指定的动画文件，如图 1-8 所示。

图 1-7

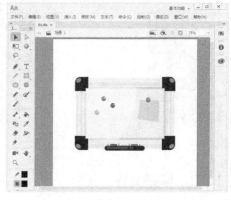

图 1-8

在"打开"对话框中，也可以一次同时打开多个文件。只要在文件列表中将所需的几个文件选中，并单击"打开"按钮，系统就将逐个打开这些文件，以免多次反复调用"打开"对话框。在"打开"对话框中，按住 Ctrl 键，用鼠标单击可以选择不连续的文件；按住 Shift 键，用鼠标单击可以选择连续的文件。

02

第 2 章
绘制与编辑图形

本章主要讲解 Animate CC 2019 的绘图功能、图形的选择和编辑方法、图形色彩的应用。通过学习这些内容，读者可以熟练运用绘制和编辑工具，以及图形色彩面板，设计制作出精美的图形和图案元素。

课堂学习目标

- ✔ 掌握绘制基本线条与图形的方法
- ✔ 掌握选择图形的方法和技巧
- ✔ 掌握编辑图形的方法和技巧
- ✔ 掌握图形色彩的应用方法

2.1 绘制基本线条与图形

使用 Animate 软件创造的任何充满活力的作品都是由基本图形组成的。Animate 提供了各种工具来绘制线条、图形或动画运动的路径。

2.1.1 线条工具和铅笔工具

1. 线条工具

应用线条工具可以绘制不同颜色、宽度、线型的直线。启用"线条"工具 ∕ 有以下两种方法。

→ 单击工具箱中的"线条"工具 ∕ 。

→ 按 N 键。

提示

　　　使用"线条"工具 ∕ 时，如果按住 Shift 键的同时拖动鼠标绘制，则限制线条只能在 45°或 45°的倍数方向绘制直线。另外要注意无法为线条工具设置填充属性。

2. 铅笔工具

应用铅笔工具可以像使用实物铅笔一样在舞台中绘制出任意的线条和形状。启用"铅笔"工具 ✐ 有以下两种方法。

→ 单击工具箱中的"铅笔"工具 ✐ 。

→ 按 Shift+Y 组合键。

2.1.2 椭圆工具和基本椭圆工具

1. 椭圆工具

应用"椭圆"工具 ◯ ，在舞台上单击鼠标，按住鼠标左键不放，向需要的位置拖曳鼠标，可以绘制出椭圆图形；如果按住 Shift 键的同时绘制图形，则可以绘制出圆形。启用"椭圆"工具 ◯ 有以下两种方法。

→ 单击工具箱中的"椭圆"工具 ◯ 。

→ 按 O 键。

2. 基本椭圆工具

"基本椭圆"工具 ◉ 的使用方法和功能与"椭圆"工具 ◯ 相同，唯一的区别在于使用"椭圆"工具 ◯ ，必须要先设置椭圆属性，然后再绘制，绘制好之后不可以再次更改椭圆属性。而使用"基本椭圆"工具 ◉ ，在绘制前设置属性和绘制后设置属性都是可以的。启用"基本椭圆"工具 ◉ 有以下两种方法。

→ 单击工具箱中的"椭圆"工具 ◯ ，在工具下拉菜单中选择"基本椭圆"工具 ◉ 。

→ 按 Shift + O 组合键。

2.1.3　矩形工具和基本矩形工具

1．矩形工具

应用矩形工具可以绘制出不同样式的矩形。启用"矩形"工具 ▢ 有以下两种方法。

➡ 单击工具箱中的"矩形"工具 ▢。

➡ 按 R 键。

2．基本矩形工具

"基本矩形"工具 ▢ 和"矩形"工具 ▢ 的区别与"椭圆"工具 ◯ 和"基本椭圆"工具 ◯ 的区别相同。启用"基本矩形"工具 ▢ 有以下两种方法。

➡ 单击工具箱中的"矩形"工具 ▢，在工具下拉菜单中选择"基本矩形"工具 ▢。

➡ 按 Shift + R 组合键。

2.1.4　多角星形工具

应用多角星形工具可以绘制出不同样式的多边形和星形。启用"多角星形"工具 ⬡ 的方法如下。

➡ 单击工具箱中的"多角星形"工具 ⬡。

2.1.5　画笔工具

应用画笔工具可以像现实生活中的刷子涂色一样在舞台中创建出刷子般的绘画效果。如书法效果就可以使用画笔工具实现。

1．使用填充颜色绘制

应用"画笔"工具 ✎ 可以用填充色绘制图形。启用"画笔"工具 ✎ 有以下两种方法。

➡ 单击工具箱中的"画笔"工具 ✎。

➡ 按 B 键。

在工具箱的下方，系统设置了 5 种刷子的模式可供选择，如图 2-1 所示。

"标准绘画"模式：会在同一层的线条和填充上以覆盖的方式涂色。

"颜料填充"模式：对填充区域和空白区域涂色，其他部分（如边框线）不受影响。

"后面绘画"模式：在舞台上同一层的空白区域涂色，但不影响原有的线条和填充。

"颜料选择"模式：在选定的区域内进行涂色，未被选中的区域不能够涂色。

"内部绘画"模式：在内部填充上绘图，但不影响线条。如果在空白区域中开始涂色，该填充不会影响任何现有填充区域。

应用不同模式绘制出的效果如图 2-2 所示。

图 2-1　　　　　标准绘画　　　颜料填充　　　后面绘画　　　颜料选择　　　内部绘画

图 2-2

2. 使用笔触颜色绘制

应用"画笔"工具 ✐ 可以用笔触色绘制图形。启用"画笔"工具 ✐ 有以下两种方法。

➡ 单击工具箱中的"画笔"工具 ✐。

➡ 按 Y 键。

2.1.6　钢笔工具

应用钢笔工具可以绘制精确的路径。如在创建直线或曲线的过程中，可以先绘制直线或曲线，再调整直线段的角度和长度以及曲线段的斜率。启用"钢笔"工具 ✐ 有以下两种方法。

➡ 单击工具箱中的"钢笔"工具 ✐。

➡ 按 P 键。

2.2　选择图形

若要在舞台上修改图形对象，则需要先选择对象，再对其进行修改。Animate 提供了以下几种选择对象的方法。

2.2.1　选择工具

选择工具可以完成选择、移动、复制、调整向量线条和色块的功能，是使用频率较高的一种工具。启用"选择"工具 ▶ 有以下两种方法。

➡ 单击工具箱中的"选择"工具 ▶。

➡ 按 V 键。

启用"选择"工具 ▶ 后，工具箱下方会出现图 2-3 所示的按钮，利用这些按钮可以完成以下工作。

∩　S　ካ

图 2-3

"贴紧至对象"按钮 ∩：自动将舞台上两个对象定位到一起，一般制作引导层动画时可利用此按钮将关键帧的对象锁定到引导路径上。此按钮还可以将对象定位到网格上。

"平滑"按钮 S：可以柔化选择的曲线条。当选中对象时，此按钮变为可用。

"伸直"按钮 ካ：可以锐化选择的曲线条。当选中对象时，此按钮变为可用。

1. 选择对象

打开云盘中的"基础素材 > Ch02 > 02"文件。选择"选择"工具 ▶，在舞台中的对象上单击鼠标，进行点选，如图 2-4 所示。按住 Shift 键，再点选对象，可以同时选中多个对象，如图 2-5 所示。

启用"选择"工具 ▶，在舞台中拖曳出一个矩形，可以框选对象，如图 2-6 所示。

2. 移动和复制对象

启用"选择"工具 ▶，点选中对象，如图 2-7 所示。按住鼠标左键不放，可直接拖动对象到任

图 2-4　　　　图 2-5　　　　图 2-6

意位置，如图 2-8 所示。松开鼠标，移动图像的位置如图 2-9 所示。

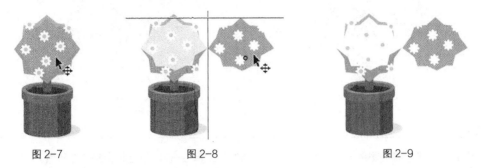

图 2-7　　　　　　　　　图 2-8　　　　　　　　　图 2-9

启用"选择"工具 ▶，点选中对象，如图 2-10 所示。按住 Alt 键，拖动选中的对象到任意位置，选中的对象被复制，如图 2-11 和图 2-12 所示。

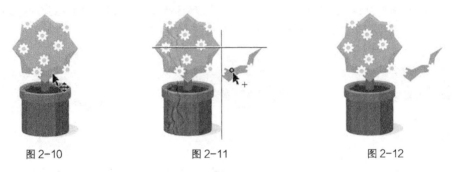

图 2-10　　　　　　　　图 2-11　　　　　　　　图 2-12

3. 调整向量线条和色块

启用"选择"工具 ▶，将鼠标指针移至对象，鼠标指针下方出现圆弧 ，如图 2-13 所示。拖动鼠标，可对选中的线条和色块进行调整，如图 2-14 所示。

图 2-13　　　　　　　　　　图 2-14

2.2.2　部分选取工具

启用"部分选取"工具 ▷ 有以下两种方法。

➡ 单击工具箱中的"部分选取"工具 ▷ 。

➡ 按 A 键。

打开云盘中的"基础素材 > Ch02 > 03"文件。选择"部分选取"工具 ▷ ，在对象的外边线上单击，对象上出现多个节点，如图 2-15 所示。可拖动节点来调整控制线的长度和斜率，从而改变对象的曲线形状，如图 2-16 所示。

图 2-15

图 2-16

在改变对象的形状时，"部分选取"工具 ▷ 的鼠标指针会产生不同的变化，其表示的含义也不同。

带黑色方块的鼠标指针 ▷₋：将鼠标指针放置在节点以外的线段上时，鼠标指针变为 ▷₋，如图 2-17 所示。这时，可以移动对象到其他位置，如图 2-18 和图 2-19 所示。

图 2-17

图 2-18

图 2-19

带白色方块的鼠标指针 ▷□：将鼠标指针放置在节点上时，鼠标指针变为 ▷□，如图 2-20 所示。这时，可以移动单个的节点到其他位置，如图 2-21 和图 2-22 所示。

图 2-20

图 2-21

图 2-22

变为小箭头的鼠标指针 ▶：将鼠标指针放置在节点调节手柄的尽头时，鼠标指针变为 ▶，如图 2-23 所示。这时，可以调节与该节点相连的线段的弯曲度，如图 2-24 和图 2-25 所示。

图 2-23

图 2-24

图 2-25

> 在调整节点的手柄时，调整一个手柄，另一个相对的手柄也会随之发生变化。如果只想调整其中的一个手柄，按住 Alt 键再进行调整即可。

此外，我们还可以将直线节点转换为曲线节点，并进行弯曲度调节。打开云盘中的"基础素材 > Ch02 > 04"文件。选择"部分选取"工具 ▷，在对象的外边线上单击，对象上显示出节点，如图 2-26 所示。用鼠标单击要转换的节点，节点从实心变为空心，表示可编辑，如图 2-27 所示。

按住 Alt 键，用鼠标将节点向外拖曳，节点增加出两个可调节手柄，如图 2-28 所示。应用调节手柄可调节线段的弯曲度，如图 2-29 所示。

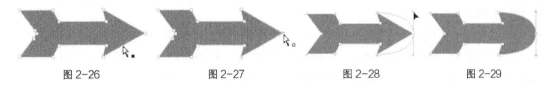

图 2-26　　　　　　　图 2-27　　　　　　　图 2-28　　　　　　　图 2-29

2.2.3　套索工具

应用套索工具可以按需要在对象上选取任意一部分不规则的图形。启用"套索"工具 ♀ 有以下两种方法。

➡ 单击工具箱中的"套索"工具 ♀。

➡ 按 L 键。

将云盘中的"基础素材 > Ch02 > 05"文件导入到舞台窗口。按 Ctrl+B 组合键，将位图进行分离。选择"套索"工具 ♀，用鼠标在位图上任意勾选想要的区域，形成一个封闭的选区，如图 2-30 所示。松开鼠标左键，选区中的图像被选中，如图 2-31 所示。

图 2-30　　　　　　　　　　　　　　　　　图 2-31

2.2.4　多边形工具

应用多边形工具可以按需要选择任意的多边形。启用"多边形"工具 ♀ 有以下两种方法。

➡ 单击工具箱中的"套索"工具 ♀，在工具下拉菜单中选择"多边形"工具 ♀。

➡ 按 Shift + L 组合键。

将云盘中的"基础素材 > Ch02 > 06"文件导入到舞台窗口。按 Ctrl+B 组合键，将位图进行分离。选择"多边形"工具 ♀，用鼠标在位图上多边形的区域进行绘制，如图 2-32 所示。双击鼠标结束多边形工具的绘制，选区中的图像被选中，如图 2-33 所示。

图 2-32   图 2-33

2.2.5 魔术棒工具

使用魔术棒工具可以选取图像中颜色相似的位图图形。启用"魔术棒"工具 有以下两种方法。

➡ 单击工具箱中的"套索"工具 ，在工具下拉菜单中选择"魔术棒"工具 。

➡ 按 Shift + L 组合键。

将云盘中的"基础素材 > Ch02 > 07"文件导入到舞台窗口。按 Ctrl+B 组合键，将位图进行分离。选中"魔术棒"按钮 ，将鼠标指针放在位图上，鼠标指针变为 。在要选择的位图上单击鼠标，如图 2-34 所示。与选取点颜色相近的图像区域被选中，如图 2-35 所示。

通过魔术棒"属性"面板，可以设置魔术棒的属性。应用不同的属性，魔术棒选取的图像区域大小不相同。选择"窗口 > 属性"命令，弹出魔术棒"属性"面板，如图 2-36 所示。

图 2-34   图 2-35   图 2-36

"阈值"数值：可以设置魔术棒的容差范围，输入数值越大，魔术棒的容差范围也越大。可输入数值的范围在 0 ~ 200 之间。

"平滑"选项：此选项中有 4 种模式可供选择。选择模式不同时，在魔术棒阈值数相同的情况下，魔术棒所选的图像区域也会产生轻微的不同。

在魔术棒"属性"面板中设置不同阈值后，如图 2-37 和图 2-39所示，所产生的不同效果如图 2-38 和图 2-40 所示。

图 2-37

图 2-38   图 2-39   图 2-40

2.3 编辑图形

使用绘图工具创建的矢量图比较单调，如果结合编辑工具，改变原图形的色彩、线条、形态等属性，就可以创建出充满变化的图形效果。

2.3.1 墨水瓶工具和颜料桶工具

1．墨水瓶工具

使用墨水瓶工具可以修改矢量图形的边线。启用"墨水瓶"工具 有以下两种方法。

➡ 单击工具箱中的"墨水瓶"工具 。

➡ 按 S 键。

2．颜料桶工具

使用颜料桶工具可以修改矢量图形的填充色。启用"颜料桶"工具 有以下两种方法。

➡ 单击工具箱中的"颜料桶"工具 。

➡ 按 K 键。

在工具箱的下方，系统设置了 4 种填充模式可供选择，如图 2-41 所示。

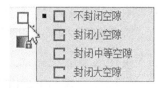

图 2-41

"不封闭空隙"模式：选择此模式时，只有在完全封闭的区域才能填充颜色。

"封闭小空隙"模式：选择此模式时，当边线上存在小空隙时，允许填充颜色。

"封闭中等空隙"模式：选择此模式时，当边线上存在中等空隙时，允许填充颜色。

"封闭大空隙"模式：选择此模式时，当边线上存在大空隙时，允许填充颜色。当选择"封闭大空隙"模式时，无论空隙是小空隙还是中等空隙，也都可以填充颜色。

2.3.2 宽度工具

使用宽度工具可以修改笔触粗细，还可以将调整后的笔触保存为样式，以便应用于其他图形。启用"宽度"工具 有以下两种方法。

➡ 单击工具箱中的"宽度"工具 。

➡ 按 U 键。

2.3.3 滴管工具

使用滴管工具可以吸取矢量图形的线型和色彩，然后可以利用颜料桶工具，快速修改其他矢量图形内部的填充色；或利用墨水瓶工具，快速修改其他矢量图形的边框颜色及线型。

启用"滴管"工具 有以下两种方法。

➡ 单击工具箱中的"滴管"工具 。

➡ 按 I 键。

Animate CC 2019 动画制作
与应用（微课版）

2.3.4　橡皮擦工具

橡皮擦工具用于擦除舞台上无用的矢量图形边框和填充色。启用"橡皮擦"工具 ◆ 有以下两种
方法。

➡ 单击工具箱中的"橡皮擦"工具 ◆ 。

➡ 按 E 键。

在工具箱的下方，系统设置了 5 种擦除模式可供选择，以得到特
殊的擦除效果，如图 2-42 所示。

图 2-42

"标准擦除"模式：擦除所有图形的线条和填充。

"擦除填色"模式：仅擦除填充区域，其他部分（如边框线）不受
影响。

"擦除线条"模式：仅擦除图形的线条部分，但不影响其填充部分。

"擦除所选填充"模式：仅擦除已经选择的填充部分，但不影响其他未被选择的部分。（如果场景
中没有任何填充被选择，则擦除命令无效。）

"内部擦除"模式：仅擦除起点所在的填充区域部分，但不影响线条填充区域外的部分。

> 导入的位图和文字不是矢量图形，不能擦除它们的部分或全部，所以必须先选择"修改
> ＞分离"命令，将它们分离成矢量图形，才能使用橡皮擦工具擦除它们的部分或全部。

2.3.5　任意变形工具和渐变变形工具

在制作图形的过程中，我们可以应用任意变形工具来改变图形的大小及倾斜度，也可以应用填充
变形工具改变图形中渐变填充颜色的渐变效果。

1.　任意变形工具

使用任意变形工具可以改变选中图形的大小，还可以旋转图形。启用"任意变形"工具 ⬚ 有以
下两种方法。

➡ 单击工具箱中的"任意变形"工具 ⬚ 。

➡ 按 Q 键。

在工具箱的下方系统设置了 4 种变形模式可供选择，如图 2-43 所示。　　📂 🔲 ◿ 🔲

2.　渐变变形工具
图 2-43

使用渐变变形工具可以改变选中图形的填充渐变效果。启用"渐变变形"工具 ▣ 有以下两种
方法。

➡ 单击工具箱中的"渐变变形"工具 ▣ 。

➡ 按 F 键。

> 通过移动中心控制点，可以改变渐变区域的位置。

2.3.6 课堂案例——绘制引导页中的汉堡

案例学习目标

使用不同的填充工具为卡通汉堡上色。

案例知识要点

使用颜料桶工具、墨水瓶工具、任意变形工具、渐变变形工具，来完成引导页中的汉堡绘制，效果如图 2-44 所示。

扫码观看　　扫码查看
本案例视频　　扩展案例

图 2-44

效果所在位置

云盘/Ch02/效果/绘制引导页中的汉堡. fla。

（1）选择"文件 > 打开"命令，在弹出的"打开"对话框中，选择云盘中的"Ch02 > 素材 > 绘制引导页中的汉堡 > 01"文件，如图 2-45 所示。单击"打开"按钮，将其打开，如图 2-46 所示。

图 2-45　　　　　　　　　　　　　　　　图 2-46

（2）选择"窗口 > 颜色"命令，弹出"颜色"面板。单击"笔触颜色"按钮 ，将其设置为无。单击"填充颜色"按钮 ，在"颜色类型"选项的下拉列表中选择"线性渐变"选项，在色带上将左边的颜色控制点设为黄色（#FFCC66），将右边的颜色控制点设为黄色（FFCC99），生成渐变色，如图 2-47 所示。

（3）选择"颜料桶"工具 ，在图 2-48 所示的圆形内部单击鼠标填充渐变色，效果如图 2-49 所示。

图 2-47

图 2-48

图 2-49

（4）选择"渐变变形"工具 ，在填充渐变色的圆形上单击鼠标，在圆形的周围出现控制点和控制线，如图 2-50 所示。将鼠标指针放在外侧圆形的控制点上，如图 2-51 所示，鼠标指针变为 时，向左上方拖曳控制点，改变渐变色的位置及倾斜度，效果如图 2-52 所示。

图 2-50

图 2-51

图 2-52

（5）选择"选择"工具 ，选中图 2-53 所示的图形。在工具箱中将"填充颜色"设为橘黄色（#FF9900），效果如图 2-54 所示。

图 2-53

图 2-54

（6）选择"颜料桶"工具 ，将鼠标指针放置在图 2-55 所示的位置，单击鼠标填充颜色，效果如图 2-56 所示。选择"任意变形"工具，在刚填充的图形的内部单击鼠标，在图形的周围出现控制框，如图 2-57 所示。

（7）将中心点拖曳至下边线的中心点上，如图 2-58 所示。将鼠标指针放置在上边线的中心点上，鼠标指针变为 时，如图 2-59 所示，单击鼠标并向下拖曳到适当的位置，缩放图形的大小，效果如图 2-60 所示。

（8）在工具箱中将"填充颜色"设为黄色（#FFFF00）。选择"颜料桶"工具 ，将鼠标指针放置在图 2-61 所示的位置，单击鼠标填充颜色，效果如图 2-62 所示。在工具箱中将"填充颜色"设为绿色（＃99CC33），在相应的边线上单击鼠标填充颜色，效果如图 2-63 所示。

图 2-55　　　　　　　　　　　图 2-56　　　　　　　　　　　图 2-57

图 2-58　　　　　　　　　　　图 2-59　　　　　　　　　　　图 2-60

图 2-61　　　　　　　　　　　图 2-62　　　　　　　　　　　图 2-63

　　（9）选择"墨水瓶"工具 ，在墨水瓶工具"属性"面板中，将"笔触颜色"设为黑色，"笔触"选项设为 5，其他选项的设置如图 2-64 所示。将鼠标指针放置在红色矩形的边线上，如图 2-65 所示，单击鼠标为矩形添加边线，效果如图 2-66 所示。引导页中的汉堡绘制完成，按 Ctrl+Enter 组合键即可查看效果。

图 2-64

图 2-65

图 2-66

2.4　图形色彩

在 Animate 中，根据设计和绘图的需要，我们可以应用纯色编辑面板、"颜色"面板和"颜色样本"面板来设置所需要的纯色、渐变色和颜色样本等。

2.4.1　纯色编辑面板

在纯色编辑面板中我们可以选择系统设置的颜色，也可根据需要自行设定颜色。

在工具箱的下方单击"填充颜色"按钮■ □，弹出"颜色样本"面板，如图 2-67 所示。在面板中可以选择系统设置好的颜色。如想自行设定颜色，可以单击面板右上方的"颜色选择"按钮◉，弹出"颜色选择器"面板，如图 2-68 所示。

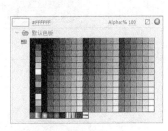

图 2-67

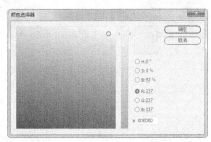

图 2-68

在面板左侧的颜色选择区中选择要自定义的颜色，如图 2-69 所示。滑动面板右侧的滑动条来设定颜色的色相，如图 2-70 所示。单击"确定"按钮，完成自定义颜色。

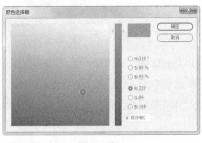

图 2-69

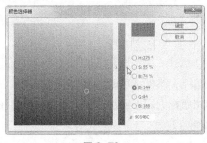

图 2-70

2.4.2　"颜色"面板

在"颜色"面板中我们可以设定纯色、渐变色以及颜色的不透明度。选择"窗口 > 颜色"命令，或按 Ctrl+Shift+F9 组合键，弹出"颜色"面板。

1. 自定义纯色

在"颜色"面板"颜色类型"下拉列表中选择"纯色"选项，面板效果如图 2-71 所示。

"笔触颜色"按钮 ✎ ■：可以设定矢量线条的颜色。

"填充颜色"按钮 ▲ □：可以设定填充色的颜色。

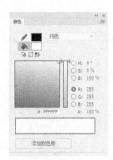

图 2-71

"黑白"按钮 ▣：单击此按钮，线条与填充色恢复为系统默认的状态。

"无色"按钮 ▣：用于取消矢量线条或填充色块。当选择"椭圆"工具 ◯ 或"矩形"工具 ▣ 时，此按钮为可用状态。

"交换颜色"按钮 ▧：单击此按钮，可以切换线条颜色和填充色。

"H""S""B"和"R""G""B"数值项：可以用精确数值来设定颜色。

"A（Alpha）"数值项：用于设定颜色的不透明度，数值选取范围为 0～100%。

"添加到色板"按钮：单击此按钮，可以将选择的颜色保存到色板中。

在面板右侧的颜色选择区域内，我们可以根据需要选择相应的颜色。

2. 自定义线性渐变色

在"颜色"面板"颜色类型"下拉列表中选择"线性渐变"选项，面板效果如图 2-72 所示。将鼠标指针放置在滑动色带上，鼠标指针变为 ▶₊，如图 2-73 所示。在色带上单击鼠标增加颜色控制点，并在面板上方为新增加的控制点设定颜色及不透明度，如图 2-74 所示。要删除控制点，只需将控制点向色带下方拖曳即可。

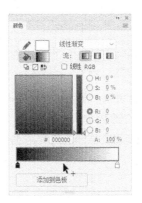

图 2-72   图 2-73   图 2-74

3. 自定义径向渐变色

在"颜色"面板"颜色类型"下拉列表中选择"径向渐变"选项，面板效果如图 2-75 所示。用与定义线性渐变色相同的方法在色带上定义径向渐变色。定义完成后，在面板的左下方显示出定义的渐变色，如图 2-76 所示。

图 2-75   图 2-76

4. 自定义位图填充

在"颜色"面板"颜色类型"下拉列表中选择"位图填充"选项，如图 2-77 所示。弹出"导入到库"对话框。在对话框中选择要导入的图片，如图 2-78 所示。单击"打开"按钮，图片被导入到"颜色"面板中，如图 2-79 所示。

图 2-77　　　　　　　　　　　　图 2-78　　　　　　　　　　　　图 2-79

选择"多角星形"工具，在场景中绘制出一个五边形，五边形被刚才导入的位图所填充，如图 2-80 所示。

选择"渐变变形"工具，在填充位图上单击，出现控制点，如图 2-81 所示。向内拖曳左下方的方形控制点，如图 2-82 所示。松开鼠标缩放位图大小。

向上拖曳右上方的圆形控制点，改变填充位图的角度，如图 2-83 所示。松开鼠标后效果如图 2-84 所示。

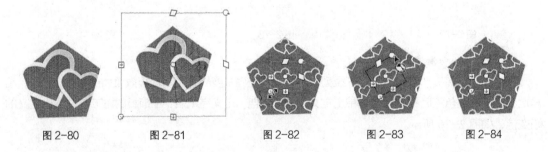

图 2-80　　　　　　图 2-81　　　　　　图 2-82　　　　　　图 2-83　　　　　　图 2-84

2.4.3　课堂案例——绘制美食 App 图标

案例学习目标

使用"颜色"面板设置图形颜色和透明度。

案例知识要点

使用基本矩形工具、"颜色"面板和渐变变形工具来完成美食 App 图标的绘制，效果如图 2-85 所示。

图 2-85

扫码观看　　扫码查看
本案例视频　扩展案例

效果所在位置

云盘/Ch02/效果/绘制美食 App 图标.fla。

（1）选择"文件 > 打开"命令，在弹出的"打开"对话框中，选择云盘中的"Ch02 > 素材 > 绘制美食 App 图标 > 01"文件，如图 2-86 所示。单击"打开"按钮，将其打开，如图 2-87 所示。

图 2-86

图 2-87

（2）选择"选择"工具 ▶，在舞台窗口中选中灰色矩形，如图 2-88 所示。选择"窗口 > 颜色"命令，弹出"颜色"面板，单击"笔触颜色"按钮 ✎ ▇，将其设为无。单击"填充颜色"按钮 ♦ □，在"颜色类型"选项的下拉列表中选择"径向渐变"选项，在色带上将左边的颜色控制点设为浅黄色（#FFF100），将右边的颜色控制点设为黄色（#FCC900），生成渐变色，如图 2-89 所示，效果如图 2-90 所示。

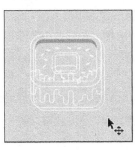

图 2-88

图 2-89

图 2-90

（3）选择"文件 > 导入 > 导入到库"命令。在弹出的"导入到库"对话框中，选择云盘中的"Ch02 > 素材 > 绘制美食 App 图标 > 02"文件。单击"打开"按钮，将选中的文件导入到"库"面板中，如图 2-91 所示。单击"时间轴"面板上方的"新建图层"按钮，创建新图层并将其命名为"图案"，如图 2-92 所示。

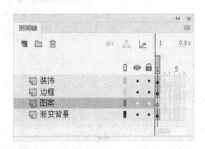

图 2-91   图 2-92

（4）在"颜色"面板中，单击"填充颜色"按钮，在"颜色类型"选项的下拉列表中选择"位图填充"选项，如图 2-93 所示。选择"基本矩形"工具，在舞台窗口中绘制一个与舞台窗口大小相同的矩形，效果如图 2-94 所示。

（5）选择"渐变变形"工具，在填充的位图上单击，周围出现控制框，如图 2-95 所示。向内拖曳左下方的控制点改变图案大小，效果如图 2-96 所示。

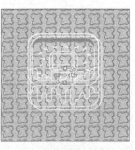

图 2-93   图 2-94   图 2-95   图 2-96

（6）在"时间轴"面板中单击"图案"图层，将该层中的对象全部选中。按 F8 键，在弹出的"转换为元件"对话框中进行设置，如图 2-97 所示。单击"确定"按钮，将其转换为图形元件。选择"选择"工具，在舞台窗口中选中"图案"实例，在图形"属性"面板中选择"色彩效果"选项组，在"样式"选项的下拉列表中选择"Alpha"选项，将"Alpha 数量"设为 30%，如图 2-98 所示。舞台窗口中的效果如图 2-99 所示。

（7）按住 Shift 键的同时，选中图 2-100 所示的圆角矩形。在"颜色"面板中，单击"填充颜色"按钮，将"填充颜色"设为黑色。单击"笔触颜色"按钮，将其设为无。效果如图 2-101 所示。

图 2-97　　　　　　　　　　图 2-98　　　　　　　　　　图 2-99

图 2-100　　　　　　　　　　　　　　图 2-101

（8）选中图 2-102 所示的圆角矩形。在"颜色"面板中，单击"填充颜色"按钮 ，将"填充颜色"设为深红色（#5E1818）。单击"笔触颜色"按钮 ，将其设为无。效果如图 2-103 所示。

（9）按住 Shift 键的同时，选中图 2-104 所示的图形。在"颜色"面板中，单击"填充颜色"按钮 ，将"填充颜色"设为粉色（#F08D7E）。单击"笔触颜色"按钮 ，将其设为无。效果如图 2-105 所示。

图 2-102　　　　　　图 2-103　　　　　　图 2-104　　　　　　图 2-105

（10）按住 Shift 键的同时，选中图 2-106 所示的圆角矩形。在"颜色"面板中，单击"填充颜色"按钮 ，将"填充颜色"设为粉色（#F3A599）。单击"笔触颜色"按钮 ，将其设为无。效果如图 2-107 所示。

（11）选中图 2-108 所示的圆角矩形。在"颜色"面板中，单击"填充颜色"按钮 ，将"填充颜色"设为橘红色（#E5624B）。单击"笔触颜色"按钮 ✏ ▉，将其设为无。效果如图 2-109 所示。美食 App 图标绘制完成，按 Ctrl+Enter 组合键即可查看效果。

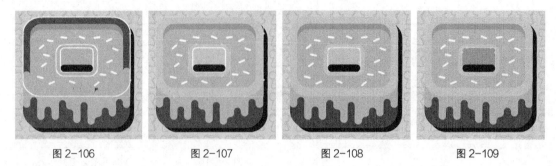

图 2-106   图 2-107   图 2-108   图 2-109

2.5　课堂练习——绘制天气图标

🔗 练习知识要点

使用线条工具，绘制装饰线条，使用椭圆工具，绘制云轮廓和眼睛图形。效果如图 2-110 所示。

扫码观看
本案例视频

图 2-110

◎ 效果所在位置

云盘/Ch02/效果/绘制天气图标.fla。

2.6　课后习题——绘制引导页中的插画

🔗 习题知识要点

使用基本矩形工具、矩形工具、椭圆工具、钢笔工具、多角星形工具和线条工具，来完成引导页中的插画绘制。效果如图 2-111 所示。

图 2-111

扫码观看
本案例视频

 效果所在位置

云盘/Ch02/效果/绘制引导页中的插画.fla。

03

第3章
对象的编辑和操作

本章主要讲解对象变形、操作、修饰的方法，以及"对齐"面板和"变形"面板的应用。通过学习这些内容，读者可以灵活运用 Animate 中的编辑功能编辑和管理对象，使对象在画面中表现更加完美，组织更加合理。

课堂学习目标

✔ 掌握对象的变形方法和技巧
✔ 掌握对象的操作方法和技巧
✔ 掌握对象的修饰方法
✔ 学会运用"对齐"和"变形"面板编辑对象

3.1 对象的变形

选择"修改 > 变形"中的命令,可以对选择的对象进行变形修改,比如扭曲、缩放、倾斜、旋转和封套等。下面我们分别进行介绍。

3.1.1 扭曲对象

打开云盘中的"基础素材 > Ch03 > 01"文件。选择"修改 > 变形 > 扭曲"命令,在当前选择的图形上出现控制点。拖动四角的控制点可以改变图形顶点的形状,效果如图 3-1、图 3-2 和图 3-3 所示。

图 3-1   图 3-2   图 3-3

3.1.2 封套对象

选择"修改 > 变形 > 封套"命令,在当前选择的图形上出现控制点。用鼠标拖动控制点使图形产生相应的弯曲变化,效果如图 3-4、图 3-5 和图 3-6 所示。

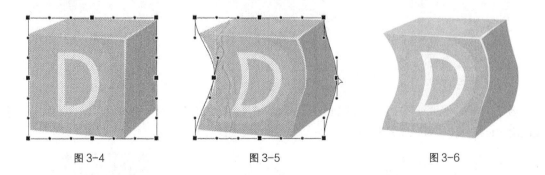

图 3-4   图 3-5   图 3-6

3.1.3 缩放对象

选择"修改 > 变形 > 缩放"命令,在当前选择的图形上出现控制点。用鼠标拖动控制点可以成比例地改变图形的大小,效果如图 3-7、图 3-8 和图 3-9 所示。

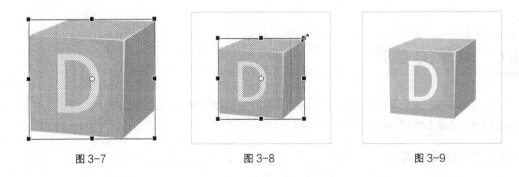

图 3-7   图 3-8   图 3-9

3.1.4　旋转与倾斜对象

选择"修改 > 变形 > 旋转与倾斜"命令，在当前选择的图形上出现控制点。用鼠标拖动中间的控制点倾斜图形，拖动四角的控制点旋转图形，效果如图 3-10、图 3-11、图 3-12、图 3-13、图 3-14 和图 3-15 所示。

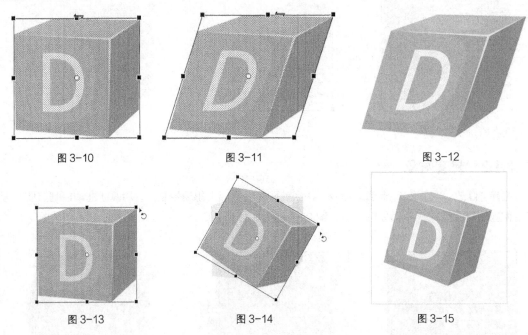

图 3-10   图 3-11   图 3-12

图 3-13   图 3-14   图 3-15

选择"修改 > 变形"中的"顺时针旋转 90 度""逆时针旋转 90 度"命令，可以将图形按照规定的度数进行旋转，效果如图 3-16、图 3-17 和图 3-18 所示。

图 3-16   图 3-17   图 3-18

3.1.5 翻转对象

选择"修改 > 变形"中的"垂直翻转""水平翻转"命令，可以将图形进行翻转，效果如图 3-19、图 3-20 和图 3-21 所示。

图 3-19　　　　　　　　　图 3-20　　　　　　　　　图 3-21

3.2　对象的操作

在 Animate 中，我们可以根据需要对对象进行组合、分离、叠放、对齐等一系列的操作，从而达到制作的要求。

3.2.1 组合对象

制作复杂图形时，可以将多个图形组合成一个整体，以便选择和修改。另外，制作位移动画时，需用"组合"命令将图形转变成组件。

打开云盘中的"基础素材 > Ch03 > 02"文件。选中多个图形，选择"修改 > 组合"命令，或按 Ctrl+G 组合键，即可将选中的图形进行组合，如图 3-22 和图 3-23 所示。

图 3-22　　　　　　　　　　　　　　　图 3-23

3.2.2 分离对象

要修改多个图形的组合、图像、文字或组件的一部分时，可以选择"修改 > 分离"命令。另外，制作变形动画时，需用"分离"命令将图形的组合、图像、文字或组件转变成图形。

打开云盘中的"基础素材 > Ch03 > 03"文件。选中图形组合，选择"修改 > 分离"命令，或按 Ctrl+B 组合键，即可将组合的图形打散。多次使用"分离"命令的效果如图 3-24、图 3-25 和图 3-26 所示。

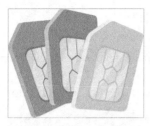
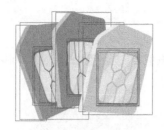
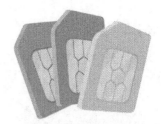

图 3-24   图 3-25   图 3-26

3.2.3 叠放对象

制作复杂图形时，多个图形的叠放次序不同，会产生不同的效果，可以通过选择"修改 > 排列"中的命令实现不同的叠放效果。

例如，要将图形移动到所有图形的顶层：打开云盘中的"基础素材 > Ch03 > 04"文件，选中要移动的图形，选择"修改 > 排列 > 移至顶层"命令，即可将选中的图形移动到所有图形的顶层，效果如图 3-27 和图 3-28 所示。

图 3-27   图 3-28

叠放对象只能是图形的组合或组件。

3.2.4 对齐对象

当选择多个图形、图像、图形的组合或组件时，可以通过选择"修改 > 对齐"中的命令调整它们的相对位置。

例如，要将多个图形的底部对齐：选中多个图形，选择"修改 > 对齐 > 底对齐"命令，即可将所有图形的底部对齐，效果如图 3-29 和图 3-30 所示。

图 3-29   图 3-30

3.3 对象的修饰

在使用 Animate 制作动画的过程中，我们可以应用 Animate 自带的一些命令，实现将线条转换为填充、将填充进行修改或将填充边缘进行柔化处理。

3.3.1 将线条转换为填充

应用"将线条转换为填充"命令可以将矢量线条转换为填充色块。打开云盘中的"基础素材 > Ch03 > 05"文件，如图 3-31 所示。然后选择"墨水瓶"工具 ，为图形绘制外边线，如图 3-32 所示。

选择"选择"工具 ，在图形的外边线上双击鼠标，将其选中。选择"修改 > 形状 > 将线条转换为填充"命令，将外边线转换为填充色块，如图 3-33 所示。这时，可以选择"颜料桶"工具 ，为填充色块设置其他颜色，如图 3-34 所示。

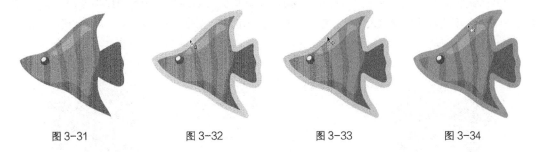

图 3-31   图 3-32   图 3-33   图 3-34

3.3.2 扩展填充

应用"扩展填充"命令可以将填充颜色向外扩展或向内收缩，扩展或收缩的数值可以自定义。

1. 扩展填充色

打开云盘中的"基础素材 > Ch03 > 06"文件。选中图形的填充颜色，如图 3-35 所示，选择"修改 > 形状 > 扩展填充"命令，弹出"扩展填充"对话框。在"距离"项的数值框中输入"4 像素"（取值范围为 0.05 ~ 144），选择"扩展"单选项，如图 3-36 所示。单击"确定"按钮，填充色向外扩展，效果如图 3-37 所示。

图 3-35   图 3-36   图 3-37

2. 收缩填充色

选中图形的填充颜色，选择"修改 > 形状 > 扩展填充"命令，弹出"扩展填充"对话框。在"距离"项的数值框中输入"20 像素"（取值范围为 0.05 ~ 144），选择"插入"单选项，如图 3-38 所示。单击"确定"按钮，填充色向内收缩，效果如图 3-39 所示。

图 3-38   图 3-39

3.3.3 柔化填充边缘

应用"柔化填充边缘"命令可以将图形的边缘制作成柔化效果。

1. 向外柔化填充边缘

打开云盘中的"基础素材 > Ch03 > 07"文件。选中图形，如图 3-40 所示，选择"修改 > 形状 > 柔化填充边缘"命令，弹出"柔化填充边缘"对话框。在"距离"项的数值框中输入"50 像素"，在"步长数"项的数值框中输入"4"，选择"扩展"单选项，如图 3-41 所示。单击"确定"按钮，效果如图 3-42 所示。

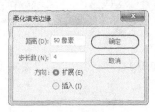

图 3-40   图 3-41   图 3-42

提示

在"柔化填充边缘"对话框中设置不同的数值，所产生的效果也各不相同，大家可以反复尝试设置不同的数值，以达到最理想的绘制效果。

2. 向内柔化填充边缘

选中图形，如图 3-43 所示，选择"修改 > 形状 > 柔化填充边缘"命令，弹出"柔化填充边缘"对话框。在"距离"项的数值框中输入"50 像素"，在"步长数"项的数值框中输入"4"，选择"插入"单选项，如图 3-44 所示。单击"确定"按钮，效果如图 3-45 所示。

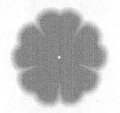

图 3-43   图 3-44   图 3-45

3.3.4　课堂案例——绘制时尚插画

案例学习目标

使用不同的绘图工具绘制图像，使用形状命令编辑图形。

案例知识要点

使用钢笔工具和颜料桶工具，绘制云彩效果；使用椭圆工具，绘制太阳；使用"柔化填充边缘"命令，制作云彩和太阳的虚化边缘效果。效果如图 3-46 所示。

图 3-46

扫码观看　　　扫码查看
本案例视频　　扩展案例

效果所在位置

云盘/Ch03/效果/绘制时尚插画.fla。

1.　绘制小山和草地

（1）在欢迎页的"详细信息"选项组中，将"宽"项设为 600，"高"项设为 600，"平台类型"选项的下拉列表中选择"ActionScript 3.0"选项，单击"创建"按钮，完成文档的创建。按 Ctrl+J 组合键，弹出"文档设置"对话框，将"舞台颜色"设为淡黄色（#F6F4DB），单击"确定"按钮，完成舞台颜色的修改。

（2）将"图层 1"重命名为"小山 1"，如图 3-47 所示。选择"钢笔"工具 🖊，在钢笔工具"属性"面板中，将"笔触颜色"设为黑色，"填充颜色"设为无，"笔触"项设为 1。单击工具箱下方的"对象绘制"按钮 ◎，将其选中。在舞台窗口中绘制一条闭合边线，如图 3-48 所示。

（3）选择"选择"工具 ▶，选中闭合边线，如图 3-49 所示。在工具箱中将"填充颜色"设为黄色（#D9A84C），"笔触颜色"设为无，效果如图 3-50 所示。

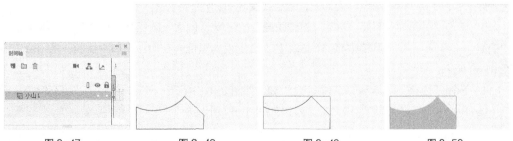

图 3-47　　　　　　　图 3-48　　　　　　　图 3-49　　　　　　　图 3-50

（4）单击"时间轴"面板上方的"新建图层"按钮，创建新图层并将其命名为"小山 2"。选择"钢笔"工具，在工具箱中将"笔触颜色"选项设为黑色，在舞台窗口中绘制一条闭合边线，如图 3-51 所示。

（5）选择"选择"工具，选中闭合边线，如图 3-52 所示。在工具箱中将"填充颜色"设为褐色（#A06916），"笔触颜色"设为无，效果如图 3-53 所示。

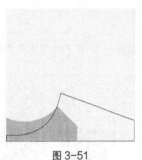
图 3-51

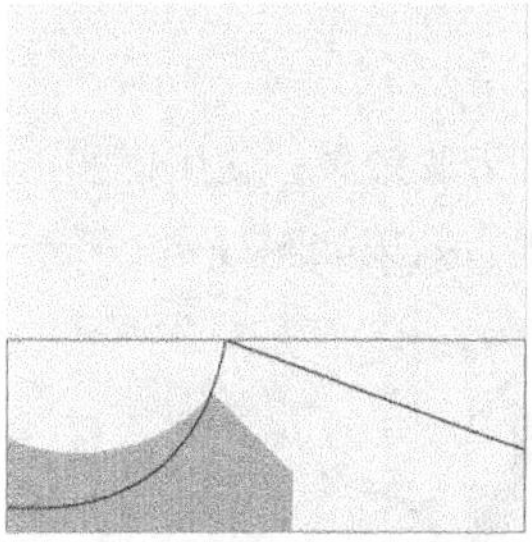

图 3-53

图 3-52

（6）单击"时间轴"面板上方的"新建图层"按钮，创建新图层并将其命名为"阴影"。选择"钢笔"工具，在工具箱中将"笔触颜色"选项设为黑色，在舞台窗口中绘制一条闭合边线，如图 3-54 所示。

（7）选择"选择"工具，选中闭合边线，如图 3-55 所示。在工具箱中将"填充颜色"设为深褐色（#905D15），"笔触颜色"设为无，效果如图 3-56 所示。

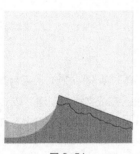
图 3-54

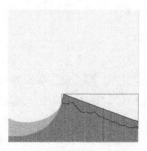
图 3-55

图 3-56

（8）单击"时间轴"面板上方的"新建图层"按钮，创建新图层并将其命名为"草地 1"。选择"钢笔"工具，在工具箱中将"笔触颜色"选项设为黑色，在舞台窗口中绘制一条闭合边线，如图 3-57 所示。

（9）选择"选择"工具，选中闭合边线，如图 3-58 所示。在工具箱中将"填充颜色"设为黄绿色（#ACC20D），"笔触颜色"设为无，效果如图 3-59 所示。

（10）单击"时间轴"面板上方的"新建图层"按钮，创建新图层并将其命名为"草地 2"。选择"钢笔"工具，在工具箱中将"笔触颜色"选项设为黑色，在舞台窗口中绘制一条闭合边线，如图 3-60 所示。

（11）选择"选择"工具，选中闭合边线，如图 3-61 所示。在工具箱中将"填充颜色"设为绿色（#97B020），"笔触颜色"设为无，效果如图 3-62 所示。

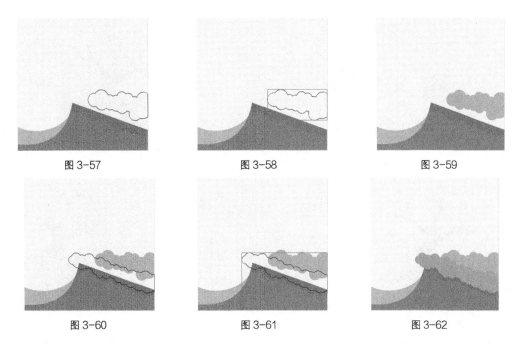

图 3-57　　　　　　　　　　图 3-58　　　　　　　　　　图 3-59

图 3-60　　　　　　　　　　图 3-61　　　　　　　　　　图 3-62

2．绘制太阳和白云

（1）选择"文件 > 导入 > 导入到库"命令。在弹出的"导入到库"对话框中，选择云盘中的"Ch03 > 素材 > 绘制时尚插画 > 01"文件，单击"打开"按钮，文件被导入到"库"面板中，如图 3-63 所示。

（2）单击"时间轴"面板上方的"新建图层"按钮，创建新图层并将其命名为"小树"，如图 3-64 所示。将"库"面板中的图形元件"01"拖曳到舞台窗口中，并放置到适当的位置，如图 3-65 所示。

图 3-63　　　　　　　　　　图 3-64　　　　　　　　　　图 3-65

（3）在"时间轴"面板中，将"小树"图层拖曳到"小山 1"图层的下方，如图 3-66 所示，效果如图 3-67 所示。

（4）单击"时间轴"面板上方的"新建图层"按钮，创建新图层并将其命名为"太阳"。选择"椭圆"工具，在工具箱中将"笔触颜色"设为无，"填充颜色"设为黄色（#FDD200），按住 Shfit 键的同时，在舞台窗口中绘制一个圆形，如图 3-68 所示。

（5）保持图形的选取状态，选择"修改 > 形状 > 柔化填充边缘"命令，弹出"柔化填充边缘"对话框。在"距离"项的数值框中输入"100 像素"，"步长数"项的数值框中输入"5"，点选"扩展"单选项，如图 3-69 所示。单击"确定"按钮，效果如图 3-70 所示。

图 3-66

图 3-67

图 3-68

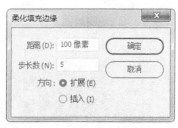

图 3-69

图 3-70

（6）在"时间轴"面板中，将"太阳"图层拖曳到"小树"图层的下方，如图 3-71 所示，效果如图 3-72 所示。

图 3-71

图 3-72

（7）单击"时间轴"面板上方的"新建图层"按钮，创建新图层并将其命名为"白云"。选择"钢笔"工具，在工具箱中将"笔触颜色"选项设为黑色，在舞台窗口中绘制一条闭合边线，如图 3-73 所示。

（8）选择"选择"工具，选中闭合边线，如图 3-74 所示。在工具箱中将"填充颜色"设为白色，"笔触颜色"设为无，效果如图 3-75 所示。

图 3-73

图 3-74

图 3-75

（9）保持图形的选取状态，选择"修改 > 形状 >柔化填充边缘"命令，弹出"柔化填充边缘"对话框。在"距离"项的数值框中输入"10 像素"，"步长数"项的数值框中输入"5"，点选"插入"选项，如图 3-76 所示。单击"确定"按钮，效果如图 3-77 所示。

（10）在"时间轴"面板中，将"白云"图层拖曳到"太阳"图层的下方，如图 3-78 所示，效果如图 3-79 所示。时尚插画绘制完成，按 Ctrl+Enter 组合键即可查看效果。

图 3-76

图 3-77

图 3-78

图 3-79

3.4　"对齐"面板和"变形"面板

在 Animate 中，我们可以应用"对齐"面板来设置多个对象之间的对齐方式，还可以应用"变形"面板来改变对象的大小以及倾斜度。

3.4.1　"对齐"面板

应用"对齐"面板可以将多个图形按照一定的规律进行排列，能够快速调整图形之间的相对位置、平分间距和对齐方向。

选择"窗口 > 对齐"命令，弹出"对齐"面板，如图 3-80 所示。

图 3-80

"对齐"选项组中的各选项含义如下。

"左对齐"按钮 ：设置选取对象左端对齐。

"水平中齐"按钮 ：设置选取对象沿垂直线中对齐。

"右对齐"按钮 ：设置选取对象右端对齐。

"顶对齐"按钮 ：设置选取对象上端对齐。

"垂直中齐"按钮 ：设置选取对象沿水平线中对齐。

"底对齐"按钮 ：设置选取对象下端对齐。

"分布"选项组中的各选项含义如下。

"顶部分布"按钮 ：设置选取对象在横向上上端间距相等。

"垂直居中分布"按钮 ：设置选取对象在横向上中心间距相等。

"底部分布"按钮 ：设置选取对象在横向上下端间距相等。

"左侧分布"按钮 ⊪：设置选取对象在纵向上左端间距相等。

"水平居中分布"按钮 ⊪：设置选取对象在纵向上中心间距相等。

"右侧分布"按钮 ⊪：设置选取对象在纵向上右端间距相等。

"匹配大小"选项组中的各选项含义如下。

"匹配宽度"按钮 ▣：设置选取对象在水平方向上等尺寸变形（以所选对象中宽度最大的为基准）。

"匹配高度"按钮 ▯：设置选取对象在垂直方向上等尺寸变形（以所选对象中高度最大的为基准）。

"匹配宽和高"按钮 ▣：设置选取对象在水平方向和垂直方向同时进行等尺寸变形（同时以所选对象中宽度和高度最大的为基准）。

"间隔"选项组中的各选项含义如下。

"垂直平均间隔"按钮 ⬒：设置选取对象在纵向上间距相等。

"水平平均间隔"按钮 ⬛：设置选取对象在横向上间距相等。

"相对于舞台"选项中的各选项含义如下。

"与舞台对齐"复选项：勾选此选项后，上述所有设置操作都是以整个舞台的宽度或高度为基准的。

3.4.2 "变形"面板

应用"变形"面板可以对图形、组、文本以及实例进行变形。选择"窗口 > 变形"命令，弹出"变形"面板，如图 3-81 所示。各选项含义如下。

图 3-81

"缩放宽度" ↔ 100.0% 和"缩放高度" ↕ 100.0% 项：用于设置图形的宽度和高度。

"约束"按钮 ∞：用于约束"缩放宽度"和"缩放高度"项，使图形能够成比例地变形。

"重置缩放"按钮 ↺：单击此按钮，可以将缩放恢复到初始状态。

"旋转"项：用于设置图形的旋转角度。

"倾斜"项：用于设置图形的水平倾斜角度或垂直倾斜角度。

"水平翻转所选内容"按钮 ◁：用于设置所选图形的水平翻转。

"垂直翻转所选内容"按钮 ⬙：用于设置所选图形的垂直翻转。

"重制选区和变形"按钮 ▤：用于复制图形并将变形设置应用于图形。

"取消变形"按钮 ↺：用于将图形属性恢复到初始状态。

3.4.3 课堂案例——制作音乐播放界面

案例学习目标

使用"变形"面板改变图片的大小。

案例知识要点

使用"导入到库"命令，导入素材文件；使用"变形"面板，调整图片的大小；使用"对齐"面板，对图片进行对齐，效果如图 3-82 所示。

图 3-82

扫码观看　　扫码查看
本案例视频　　扩展案例

效果所在位置

云盘/Ch03/效果/制作音乐播放界面. fla。

（1）在欢迎页的"详细信息"选项组中，将"宽"项设为 750，"高"项设为 1334，"平台类型"选项的下拉列表中选择"ActionScript 3.0"选项，单击"创建"按钮，完成文档的创建。按 Ctrl+J 组合键，弹出"文档设置"对话框，将"舞台颜色"设为黑色（#1F1F1F），单击"确定"按钮，完成舞台颜色的修改。

（2）选择"文件 > 导入 > 导入到库"命令，在弹出的"导入到库"对话框中，选择云盘中的"Ch03 > 素材 > 制作音乐播放界面 > 01"文件，单击"打开"按钮，图片被导入到"库"面板中，如图 3-83 所示。在"时间轴"面板中将"图层_1"重命名为"项目"，如图 3-84 所示。将"库"面板中的位图"01"拖曳到舞台窗口中，并放置在适当的位置，如图 3-85 所示。

图 3-83

图 3-84

图 3-85

（3）单击"时间轴"面板上方的"新建图层"按钮 ，创建新图层并将其命名为"歌手图像"。将"库"面板中的位图"02"拖曳到舞台窗口中，如图 3-86 所示。

（4）保持"02"图片的选取状态，按 Ctrl+T 组合键，弹出"变形"面板，将"缩放宽度"项和"缩放高度"项均设为"80.0%"，如图 3~87 所示，效果如图 3-88 所示。

图 3-86   图 3-87   图 3-88

（5）选择"选择"工具 ▶ ，在舞台窗口中将"02"图片向上拖曳到适当的位置，如图 3-89 所示。单击"时间轴"面板下方的"新建图层"按钮 ，创建新图层并将其命名为"歌曲"，如图 3-90 所示。将"库"面板中的位图"03"拖曳到舞台窗口中，如图 3-91 所示。

图 3-89   图 3-90   图 3-91

（6）按 Ctrl+A 组合键，将舞台窗口中的图片全部选中，如图 3-92 所示。按 Ctrl+K 组合键，弹出"对齐"面板，勾选"与舞台对齐"复选框，如图 3-93 所示。单击"水平中齐"按钮 ，将选中的图片与舞台水平居中对齐，效果如图 3-94 所示。音乐播放界面制作完成，按 Ctrl+Enter 组合键即可查看效果。

图 3-92   图 3-93   图 3-94

3.5 课堂练习——绘制帆船风景插画

🔗 练习知识要点

使用椭圆工具、矩形工具和"组合"命令，绘制白云图形；使用任意变形工具，缩放图形大小；使用"水平翻转"命令，水平翻转图形。效果如图 3-95 所示。

扫码观看
本案例视频

图 3-95

📍 效果所在位置

云盘/Ch03/效果/绘制帆船风景插画. fla。

3.6 课后习题——绘制黄昏风景

🔗 习题知识要点

使用椭圆工具，绘制太阳图形；使用"柔化填充边缘"命令，制作太阳光晕效果；使用钢笔工具，绘制山川图形，效果如图 3-96 所示。

扫码观看
本案例视频

图 3-96

📍 效果所在位置

云盘/Ch03/效果/绘制黄昏风景. fla。

04

第 4 章
编辑文本

本章主要讲解文本的创建和编辑、文本的类型、文本的转换。通过学习这些内容，读者可以充分利用文本工具和命令在动画影片中创建文本内容，编辑和设置文本样式，运用丰富的字体和赏心悦目的文本效果，在动画中进行表现。

课堂学习目标

- 掌握文本的创建方法
- 掌握文本的属性设置方法
- 了解文本的类型
- 运用文本的转换来编辑文本

4.1 使用文本工具

制作动画时，我们常常需要利用文字更清楚地表达自己的创作意图，而建立和编辑文字必须利用 Animate 提供的文字工具才能实现。

4.1.1 创建文本

选择"文本"工具 T，选择"窗口 > 属性"命令，弹出文本工具"属性"面板，如图 4-1 所示。将鼠标指针放置在场景中，鼠标指针变为┼⌐。在场景中单击鼠标，出现文本输入光标，如图 4-2 所示，直接输入文字即可。效果如图 4-3 所示。

图 4-1　　　　　　　图 4-2　　　　　　　图 4-3

用鼠标在场景中单击并按住鼠标左键，向右下角方向拖曳出一个文本框，如图 4-4 所示。松开鼠标，出现文本输入光标，如图 4-5 所示。在文本框中输入文字，文字被限定在文本框中；如果输入的文字较多，会自动转到下一行显示，如图 4-6 所示。

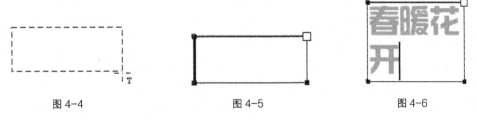

图 4-4　　　　　　　图 4-5　　　　　　　图 4-6

用鼠标向左拖曳文本框上方的方形控制点，可以缩小文字的行宽，如图 4-7 和图 4-8 所示；向右拖曳控制点可以扩大文字的行宽，如图 4-9 和图 4-10 所示。

双击文本框上方的方形控制点，文字将转换成单行显示状态，方形控制点转换为圆形控制点，如图 4-11 和图 4-12 所示。

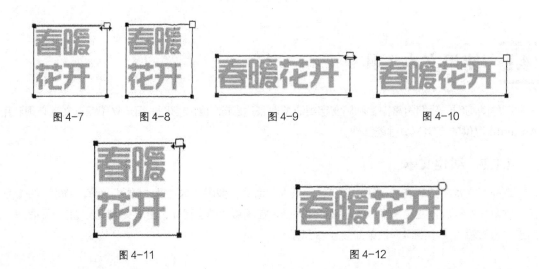

图 4-7　　　　　图 4-8　　　　　　图 4-9　　　　　　图 4-10

图 4-11　　　　　　　　　　图 4-12

4.1.2　文本属性

Animate 为用户提供了集合多种文字调整选项的"属性"面板，包括字符属性（系列、样式、大小、字母间距、颜色、自动调整字距和消除锯齿）和段落属性（格式、间距和边距），如图 4-13 所示。下面我们对各文字调整选项进行逐一介绍。

图 4-13

1．设置文本的字体、大小、样式和颜色

"改变文字方向"按钮：可以改变文字的排列方向。

"系列"选项：设定选定字符或整个文本块的文字字体。

"大小"选项：设定选定字符或整个文本块的文字大小。选项值越大，文字越大。

"颜色"按钮：为选定字符或整个文本块的文字设定纯色。

2．设置字符与段落

文本排列方式按钮可以将文字以不同的形式进行排列。

"左对齐"按钮：将文字以文本框的左边线进行对齐。

"居中对齐"按钮：将文字以文本框的中线进行对齐。

"右对齐"按钮：将文字以文本框的右边线进行对齐。

"两端对齐"按钮：将文字以文本框的两端进行对齐。

"字母间距"项：在选定字符或整个文本块的字符之间插入统一的间隔。

"字符"选项：通过设置下列选项值控制字符对之间的相对位置。

➡ "切换上标"按钮：可以将水平文本放在基线之上或将垂直文本放在基线的右边。

➡ "切换下标"选项：可以将水平文本放在基线之下或将垂直文本放在基线的左边。

"段落"选项：用于调整文本段落的格式。

"缩进"选项：用于调整文本段落的首行缩进。

"行距"选项：用于调整文本段落的行距。

"左边距"选项：用于调整文本段落的左侧间隙。

"右边距"选项 ▤：用于调整文本段落的右侧间隙。

3．字体呈现方法

Animate CC 2019 中有 5 种不同的字体呈现选项，如图 4-14 所示。通过设置可以得到不同的样式。

"使用设备字体"： 选择此选项将生成一个较小的 SWF 文件，并采用用户计算机上当前安装的字体来呈现文本。

图 4-14

"位图文本【无消除锯齿】"：选择此选项将生成明显的文本边缘，没有消除锯齿。因为此选项生成的 SWF 文件中包含字体轮廓，所以生成的 SWF 文件较大。

"动画消除锯齿"：选择此选项将生成可顺畅进行动画播放的消除锯齿文本。因为在文本动画播放时没有应用对齐和消除锯齿，所以在某些情况下，文本动画还可以更快地播放。在使用带有许多字母的大字体或缩放字体时，可能看不到性能上的提高。因为此选项生成的 SWF 文件中包含字体轮廓，所以生成的 SWF 文件较大。

"可读性消除锯齿"：选择此选项将使用高级消除锯齿引擎，提供了品质最高的文本，具有最易读的文本。因为此选项生成的文件中包含字体轮廓，以及特定的消除锯齿信息，所以生成的 SWF 文件最大。

"自定义消除锯齿"：选择此选项将与"可读性消除锯齿"选项相同，但是可以直观地操作消除锯齿参数，以生成特定外观。此选项在为新字体或不常见的字体生成最佳的外观方面非常有用。

4．设置文本超链接

"链接"选项：可以在选项的文本框中直接输入网址，使当前文字成为超链接文字。

"目标"选项：可以设置超链接的打开方式，共有以下 4 种方式供选择。

➡ "_blank"：链接页面在新的浏览器中打开。

➡ "_parent"：链接页面在父框架中打开。

➡ "_self"：链接页面在当前框架中打开。

➡ "_top"：链接页面在默认的顶部框架中打开。

选中文字，如图 4-15 所示。选择文本工具"属性"面板，在"链接"项的文本框中输入链接的网址，在"目标"项中设置好打开方式，如图 4-16 所示。设置完成后文字的下方出现下划线，表示已经链接，如图 4-17 所示。

图 4-15　　　　　　　　　　图 4-16　　　　　　　　　　图 4-17

提示

　　文本只有在水平方向排列时，超链接功能才可用；当文本为垂直方向排列时，超链接不可用。

4.2 文本的类型

在文本工具"属性"面板中，"文本类型"选项的下拉列表中设置了以下 3 种文本的类型。

4.2.1 静态文本

选择"静态文本"选项，"属性"面板如图 4-18 所示。

"可选"按钮：选择此项，当文件输出为 SWF 格式时，可以对影片中的文字进行选取、复制操作。

4.2.2 动态文本

选择"动态文本"选项，"属性"面板如图 4-19 所示。动态文本可以作为对象来应用。

"将文本呈现为 HTML"按钮：文本支持 HTML 标签特有的字体格式、超链接等超文本格式。

"在文本周围显示边框"选项：可以为文本设置白色的背景和黑色的边框。

"行为"选项：可以设置以下行为。

➡ "单行"：文本以单行方式显示。

➡ "多行"：如果输入的文本大于设置的文本限制，输入的文本将被自动换行。

➡ "多行不换行"：输入的文本为多行时，不会自动换行。

4.2.3 输入文本

选择"输入文本"选项，"属性"面板如图 4-20 所示。

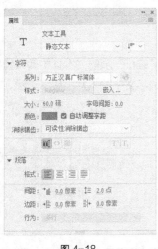

图 4-18

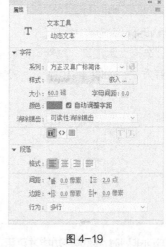

图 4-19

图 4-20

"段落"选项组中的"行为"选项新增加了"密码"选项，选择此选项，当文件输出为 SWF 格式时，影片中的文字将显示为星号****。

"选项"选项组中的"最大字符数"选项，可以设置输入文字的最多个数。默认值为 0，即为不限制。如设置数值，此数值即为输出 SWF 影片时，显示文字的最多个数。

4.3　文本的转换

在 Animate 中输入文本后,我们还可以根据设计制作的需要对文本进行编辑,例如对文本进行变形处理或为文本填充渐变色。

4.3.1　变形文本

选中文字,如图 4-21 所示,按两次 Ctrl+B 组合键,将文字打散,如图 4-22 所示。

图 4-21　　　　　　　　　　　　　　　图 4-22

选择"修改 > 变形 > 封套"命令,在文字的周围出现控制点,如图 4-23 所示,拖动控制点,改变文字的形状,如图 4-24 所示,效果如图 4-25 所示。

图 4-23　　　　　　　　　　图 4-24　　　　　　　　　　图 4-25

4.3.2　填充文本

选中文字,如图 4-26 所示,按两次 Ctrl+B 组合键,将文字打散,如图 4-27 所示。

选择"窗口 > 颜色"命令,弹出"颜色"面板。单击"填充颜色"按钮 🖌️ ▢,在"颜色类型"下拉列表中选择"径向渐变",在颜色设置条上设置渐变颜色,如图 4-28 所示。文字效果如图 4-29 所示。

图 4-26

图 4-27　　　　　　　　　　图 4-28　　　　　　　　　　图 4-29

选择"墨水瓶"工具 。在墨水瓶工具"属性"面板中，将"笔触颜色"设为绿色（#009900），"笔触"项设为 3。分别在文字的外边线上单击，如图 4-30 所示，为文字添加外边框。效果如图 4-31 所示。

图 4-30 图 4-31

4.3.3 课堂案例——制作女装 Banner 广告

案例学习目标

使用封套命令将文字变形。

案例知识要点

使用文本工具，输入文字；使用"分离"命令，将文字打散；使用"封套"命令，对文字进行编辑；使用"变形"面板，对图形进行旋转角度。效果如图 4-32 所示。

扫码观看 扫码查看
本案例视频 扩展案例

图 4-32

效果所在位置

云盘/Ch04/效果/制作女装 Banner 广告.fla。

（1）在欢迎页的"详细信息"选项组中，将"宽"项设为 800，"高"项设为 450，"平台类型"选项的下拉列表中选择"ActionScript 3.0"选项，单击"创建"按钮，完成文档的创建。按 Ctrl+J 组合键，弹出"文档设置"对话框，将"舞台颜色"设为粉色（#FFB8DA），单击"确定"按钮，完成舞台颜色的修改。

（2）在"时间轴"面板中将"图层_1"重命名为"图片"，如图 4-33 所示。按 Ctrl+R 组合键，在弹出的"导入"对话框中，选择云盘中的"Ch04 > 素材 > 制作女装 Banner 广告 > 01"文件，单击"打开"按钮，文件被导入到舞台窗口中，如图 4-34 所示。

（3）单击"时间轴"面板上方的"新建图层"按钮 ，创建新图层并将其命名为"标题文字"。选择"文本"工具 ，在文本工具"属性"面板中进行设置，在舞台窗口中适当的位置输入大小为 93，字母间距为-5，字体为"方正兰亭粗黑简体"的白色文字，文字效果如图 4-35 所示。选择"选择"工具 ▶ ，选中文字，按 Ctrl+T 组合键，在弹出的"变形"对话框中，将"旋转"项设为"-2.5°"，如图 4-36 所示，效果如图 4-37 所示。

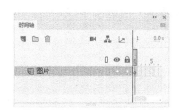

图 4-33

图 4-34

图 4-35

图 4-36

图 4-37

（4）保持文字的选取状态，按两次 Ctrl+B 组合键，将文字打散，如图 4-38 所示。选择"修改 > 变形 > 封套"命令，在文字图形上出现控制点，如图 4-39 所示。调整各个控制手柄将文字变形，效果如图 4-40 所示。

图 4-38

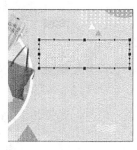

图 4-39

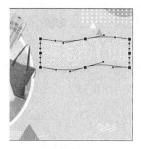

图 4-40

（5）单击"时间轴"面板上方的"新建图层"按钮 ，创建新图层并将其命名为"价位"。选择"文本"工具 T，在文本工具"属性"面板中进行设置，在舞台窗口中适当的位置输入大小为 88，字母间距为 3，字体为"方正兰亭粗黑简体"的黄色（#FEF500）文字，文字效果如图 4-41 所示。选择"选择"工具 ▶ ，选中文字，按 Ctrl+T 组合键，在弹出的"变形"对话框中，将"旋转"项设为 -2.5°，效果如图 4-42 所示。

（6）单击"时间轴"面板上方的"新建图层"按钮 ，创建新图层并将其命名为"分类"。选择"文本"工具 T，在文本工具"属性"面板中进行设置，在舞台窗口中适当的位置输入大小为 42，字母间距为-3，字体为"方正兰亭粗黑简体"的白色文字，文字效果如图 4-43 所示。

图 4-41　　　　　　　　　　　图 4-42

（7）单击"时间轴"面板上方的"新建图层"按钮，创建新图层并将其命名为"圆角矩形"。选择"基本矩形"工具，在基本矩形工具"属性"面板中，将"笔触颜色"设为无，"填充颜色"设为玫红色（#EE2F84），其他选项的设置如图 4-44 所示。在舞台窗口中绘制一个圆角矩形，效果如图 4-45 所示。

图 4-43　　　　　　　　图 4-44　　　　　　　　图 4-45

（8）在"时间轴"面板中将"圆角矩形"图层拖曳到"分类"图层的下方，如图 4-46 所示，效果如图 4-47 所示。

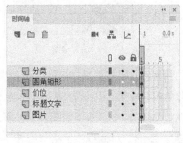　　　　

图 4-46　　　　　　　　　　　图 4-47

（9）在"时间轴"面板中，按住 Shift 键的同时单击"分类"图层，将"分类"图层与"圆角矩形"图层同时选中，如图 4-48 所示。在"变形"面板中，将"旋转"项设为-1.5°，效果如图 4-49 所示。

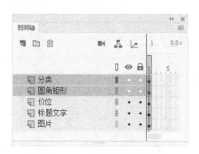

图 4-48

图 4-49

（10）在"时间轴"面板中，将"分类"图层和"圆角矩形"图层拖曳到"图片"图层的下方，如图 4-50 所示，效果如图 4-51 所示。女装 Banner 广告制作完成，按 Ctrl+Enter 组合键即可查看效果。

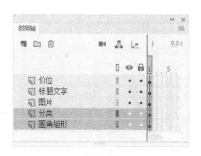

图 4-50

图 4-51

4.4 课堂练习——制作教育标志

练习知识要点

使用文本工具，输入需要的文字；使用"分离"命令，将文字打散；使用"封套"命令，对文字进行变形。效果如图 4-52 所示。

图 4-52

扫码观看
本案例视频

效果所在位置

云盘/Ch04/效果/制作教育标志.fla。

4.5 课后习题——制作散文页面

习题知识要点

使用文本工具，输入文字；使用"属性"面板，设置文字的字体、大小、颜色、行距和字符属性。效果如图 4-53 所示。

扫码观看
本案例视频

图 4-53

效果所在位置

云盘/Ch04/效果/制作散文页面.fla。

05

第5章
外部素材的使用

Animate CC 2019 可以导入外部的图像和视频素材来增强动画效果。本章主要讲解导入外部素材以及设置外部素材属性的方法。通过学习这些内容，读者可以了解并掌握如何应用 Animate CC 2019 的强大功能来处理和编辑外部素材，使其与内部素材充分结合，从而制作出更加生动的动画作品。

课堂学习目标

- 了解图像和视频素材的格式
- 掌握图像素材的导入和编辑方法
- 掌握视频素材的导入和编辑方法

5.1 图像素材

在制作动画时想要使用声音、图像、视频等外部素材文件，都必须先导入，因此需要先了解素材的种类及其文件格式。通常按照素材属性和作用可以将素材分为 3 种类型，即图像素材、视频素材和音频素材。下面我们具体讲解图像素材。

5.1.1 图像素材的格式

Animate 可以导入各种文件格式的矢量图形和位图。矢量格式包括：Adobe Illustrator 文件（可以导入版本 6 或更高版本的 Adobe Illustrator 文件）、EPS 文件（任何版本的 EPS 文件）或 PDF 文件（版本 1.4 或更低版本的 PDF 文件）；位图格式包括：JPG、GIF、PNG、BMP 等格式。

Illustrator 文件：此文件支持对曲线、线条样式和填充信息的精确转换。

EPS 文件或 PDF 文件：可以导入任何版本的 EPS 文件以及版本 1.4 或更低版本的 PDF 文件。

JPG 格式：是一种压缩格式，可以应用不同的压缩比例对文件进行压缩。压缩后文件质量损失小，文件体积大大减小。

GIF 格式：即位图交换格式，是一种 256 色的位图格式，压缩率略低于 JPG 格式。

PNG 格式：能把位图文件压缩到极限以利于网络传输，又能保留所有与位图品质有关的信息。PNG 格式支持透明位图。

BMP 格式：在 Windows 环境下使用最为广泛，而且使用时最不容易出问题。但由于文件体积较大，一般在网上传输时，不考虑使用该格式。

5.1.2 导入图像素材

Animate 可以识别多种不同的位图和向量图的文件格式，可以通过导入或粘贴的方法将素材引入到 Animate 中。

1. 导入到舞台

（1）导入位图到舞台：导入位图到舞台上时，舞台上显示出该位图，位图同时被保存在"库"面板中。

选择"文件 > 导入 > 导入到舞台"命令，或按 Ctrl+R 组合键，弹出"导入"对话框。在对话框中选中要导入的位图图片"01"，如图 5-1 所示。单击"打开"按钮，弹出提示对话框，如图 5-2 所示。

图 5-1

图 5-2

"是"按钮：单击此按钮，将会导入一组序列文件。

"否"按钮：单击此按钮，只导入当前选择的文件。

"取消"按钮：单击此按钮，将会取消当前操作。

当单击"否"按钮时，选择的位图"01"被导入到舞台上，如图 5-3 所示。这时，"库"面板和"时间轴"所显示的效果如图 5-4 和图 5-5 所示。

 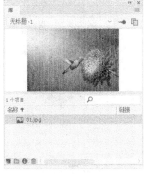 

图 5-3   图 5-4   图 5-5

当单击"是"按钮时，位图图片"01~04"全部被导入到舞台上，如图 5-6 所示。这时，"库"面板和"时间轴"面板所显示的效果如图 5-7 和图 5-8 所示。

  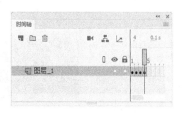

图 5-6   图 5-7   图 5-8

提示
　　可以用各种方式将多种位图导入到 Animate 中，并且可以从 Animate 中启动 Fireworks 或其他外部图像编辑器，从而在这些编辑应用程序中修改导入的位图。可以对导入位图应用压缩和消除锯齿功能，从而控制位图在 Animate 应用程序中的大小和外观，还可以将导入位图作为填充应用到对象中。

　　（2）导入矢量图到舞台：导入矢量图到舞台上时，舞台上显示该矢量图，但矢量图并不会被保存到"库"面板中。

　　选择"文件 > 导入 > 导入到舞台"命令，弹出"导入"对话框。在对话框中选中需要的文件，单击"打开"按钮，弹出对话框。所有选项为默认值，如图 5-9 所示。单击"确定"按钮，矢量图被导入到舞台上，如图 5-10 所示。此时，查看"库"面板，可发现并没有保存矢量图，如图 5-11 所示。

　　　　图 5-9　　　　　　　　　　　图 5-10　　　　　　　　　　图 5-11

2. 导入到库

　　（1）导入位图到库：导入位图到"库"面板时，舞台上不显示该位图，只在"库"面板中显示。

　　选择"文件 > 导入 > 导入到库"命令，弹出"导入到库"对话框。在对话框中选中文件，单击"打开"按钮，位图被导入到"库"面板中，如图 5-12 所示。

　　（2）导入矢量图到库：导入矢量图到"库"面板时，舞台上不显示该矢量图，只在"库"面板中显示。

　　选择"文件 > 导入 > 导入到库"命令，弹出"导入到库"对话框。在对话框中选中文件，单击"打开"按钮，弹出对话框，单击"确定"按钮，矢量图被导入到"库"面板中，如图 5-13 所示。

　　　　　　图 5-12　　　　　　　　　　　　　　　图 5-13

5.1.3　将位图转换为图形

　　使用 Animate 可以将位图分离为可编辑的图形，位图仍然保留它原来的细节。分离位图后，可以使用绘画工具和涂色工具来选择和修改位图的区域。

　　将云盘中的"基础素材 > Ch05 > 06"文件导入到舞台窗口中。选择"画笔"工具 ，在位图上绘制线条，如图 5-14 所示。松开鼠标后，线条只能在位图下方显示，如图 5-15 所示。

图 5-14

图 5-15

　　在舞台中选中导入的位图，选择"修改 > 分离"命令，或按 Ctrl+B 组合键，将位图打散，如图 5-16 所示。对打散后的位图进行编辑。选择"画笔"工具 ✐，在位图上进行绘制，松开鼠标后，线条在位图的上方显示，如图 5-17 所示。

图 5-16

图 5-17

　　选择"选择"工具 ▶，改变图形形状或删减图形，如图 5-18 和图 5-19 所示。

图 5-18

图 5-19

　　选择"橡皮擦"工具 ◈，擦除图形，如图 5-20 所示。选择"墨水瓶"工具 ⬚，为图形添加外边框，如图 5-21 所示。

图 5-20

图 5-21

　　选择"套索"工具 ⬭，选中工具箱下方的"魔术棒"按钮 ✦，在向日葵的花瓣上单击鼠标，将向日葵的橘黄色部分选中，按 Delete 键，删除选中的图形，如图 5-22 和图 5-23 所示。

图 5-22

图 5-23

将位图转换为图形后，图形不再链接到"库"面板中的位图组件。也就是说，修改打散后的图形不会对"库"面板中相应的位图组件产生影响。

5.1.4 　将位图转换为矢量图

分离图像命令仅仅是将图像打散成矢量图形，但该矢量图还是作为一个整体。如果用颜料桶工具填充的话，整个图形将作为一个整体被填充。但有时用户需要修改图像的局部，Animate 提供的"转换位图为矢量图"命令可以将图像按照颜色区域打散，这样就可以修改图像的局部了。

选中位图，如图 5-24 所示，选择"修改 > 位图 > 转换位图为矢量图"命令，弹出"转换位图为矢量图"对话框。设置数值，如图 5-25 所示。单击"确定"按钮，位图转换为矢量图，如图 5-26 所示。

图 5-24

图 5-25

图 5-26

"转换位图为矢量图"对话框中的各选项含义如下。

"颜色阈值"数值项：设置将位图转化成矢量图形时的色彩细节。数值的输入范围为 0 ~ 500，该值越大，图像越细腻。

"最小区域"数值项：设置将位图转化成矢量图形时的色块大小。数值的输入范围为 0 ~ 1000，该值越大，色块越大。

"角阈值"选项：定义角转化的精细程度。

"曲线拟合"选项：设置在转换过程中对色块处理的精细程度。图形转化时边缘越光滑，对原图像细节的失真程度越高。

5.1.5 课堂案例——制作运动鞋主图

 案例学习目标

使用"转换位图为矢量图"命令将位图转换为矢量图。

 案例知识要点

使用"导入到库"命令,导入素材文件;使用"转换位图为矢量图"命令,将位图转换为矢量图;使用文本工具,添加介绍文本。效果如图 5-27 所示。

图 5-27

扫码观看　　　扫码查看
本案例视频　　扩展案例

效果所在位置

云盘/Ch05/效果/制作运动鞋主图.fla。

(1)在欢迎页的"详细信息"选项组中,将"宽"项设为 800,"高"项设为 800,"平台类型"选项的下拉列表中选择"ActionScript 3.0"选项,单击"创建"按钮,完成文档的创建。按 Ctrl+J 组合键,弹出"文档设置"对话框,将"舞台颜色"设为淡黄色(#F6F4DB),单击"确定"按钮,完成舞台颜色的修改。

(2)选择"文件 > 导入 > 导入到库"命令,在弹出的"导入到库"对话框中,选择云盘中的"Ch05 > 制作运动鞋主图 > 01~03"文件,单击"打开"按钮,将文件导入到"库"面板,如图 5-28 所示。

(3)将"图层_1"重命名为"底图",如图 5-29 所示。将"库"面板中的位图"01"拖曳到舞台窗口中,如图 5-30 所示。

图 5-28

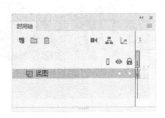

图 5-29

图 5-30

（4）在"时间轴"面板中创建新图层并将其命名为"运动鞋"。将"库"面板中的位图"02"拖曳到舞台窗口中，并放置在适当的位置，如图 5-31 所示。保持图像的选取状态，选择"修改 > 位图 > 转换位图为矢量图"命令，在弹出的"转换为矢量图"对话框中进行设置，如图 5-32 所示。单击"确定"按钮，效果如图 5-33 所示。

（5）在"时间轴"面板中创建新图层并将其命名为"装饰"，如图 5-34 所示。将"库"面板中的位图"03"拖曳到舞台窗口中，并放置在适当的位置，如图 5-35 所示。

图 5-31

图 5-32

图 5-33

图 5-34

图 5-35

（6）在"时间轴"面板中创建新图层并将其命名为"文字"。选择"文本"工具 T ，在文本工具"属性"面板中进行设置。在舞台窗口中适当的位置输入大小为 46、字体为"方正兰亭细黑简体"的粉色（#FC8699）文字，文字效果如图 5-36 所示。再次在舞台窗口中适当的位置输入大小为 19、字体为"方正兰亭细黑简体"的粉色（#FC8699）文字，文字效果如图 5-37 所示。运动鞋主图制作完成，按 Ctrl+Enter 组合键即可查看效果，如图 5-38 所示。

图 5-36

图 5-37

图 5-38

5.2　视频素材

在应用 Animate 制作动画的过程中，我们可以导入外部的视频素材并将其应用到动画作品中，并可以根据需要导入不同格式的视频素材并设置视频素材的属性。

5.2.1　视频素材的格式

Animate CC 2019 版本对导入的视频格式重新做了调整，可以导入 FLV、F4V、MP4 和 MOV 等格式的视频。其中 MP4 和 MOV 格式的视频需要使用播放组件加载外部视频选项导入；而 FLV 视频格式是当前网页视频观看的主流。

5.2.2　导入视频素材

F4V 是 Adobe 公司为了迎接高清时代而推出的继 FLV 格式后的支持 H.264 的 F4V 流媒体格式。它和 FLV 主要的区别在于，FLV 格式采用的是 H.263 编码，而 F4V 则支持 H.264 编码的高清晰视频，码率最高可达 50Mbit/s。

FLV 文件可以导入导出带编码音频的静态视频流，用于通信应用程序，例如视频会议或包含从 Adobe 的 Macromedia Flash Media Server 中导出的屏幕共享编码数据的文件。

要导入 FLV 格式的文件，可以选择"文件 > 导入 > 导入视频"命令，弹出"导入视频"对话框。单击"浏览"按钮 浏览… ，在弹出的"打开"对话框选择要导入的 FLV 影片。单击"打开"按钮，返回到"导入视频"对话框中，在对话框中选择"在 SWF 中嵌入 FLV 并在时间轴中播放"选项，如图 5-39 所示。单击"下一步"按钮，进入"嵌入"对话框，如图 5-40 所示。

图 5-39

图 5-40

单击"下一步"按钮，弹出"完成视频导入"对话框，如图 5-41 所示。单击"完成"按钮完成视频的编辑，效果如图 5-42 所示。此时，"时间轴"面板和"库"面板的效果如图 5-43 和图 5-44 所示。

图 5-41

图 5-42

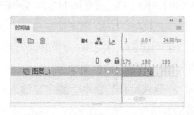

图 5-43

图 5-44

5.2.3　视频的属性

在"属性"面板中可以更改导入视频的属性。选中视频，选择"窗口 ＞ 属性"命令，弹出视频"属性"面板，如图 5-45 所示。

"实例名称"文本项：可以设定嵌入视频的名称。

"交换…"按钮：单击此按钮，将弹出"交换嵌入视频"对话框，可以将视频剪辑与另一个视频剪辑交换。

"X""Y"数值项：可以设定视频在场景中的位置。

"宽""高"数值项：可以设定视频的宽度和高度。

5.2.4　课堂案例——制作液晶电视广告

图 5-45

案例学习目标

使用"导入视频"命令导入视频，制作液晶电视广告效果。

🔒 案例知识要点

使用"导入视频"命令，导入视频；使用"变形"面板，调整视频的大小；使用"属性"面板，固定视频的位置；使用矩形工具，绘制装饰边框。效果如图 5-46 所示。

扫码观看
本案例视频　　扫码查看
扩展案例

图 5-46

📍 效果所在位置

云盘/Ch05/效果/制作液晶电视广告.fla。

（1）在欢迎页的"详细信息"选项组中，将"宽"项设为 800，"高"项设为 500，"平台类型"选项的下拉列表中选择"ActionScript 3.0"选项。单击"创建"按钮，完成文档的创建。

（2）将"图层_1"重命名为"底图"。按 Ctrl+R 组合键，在弹出的"导入"对话框中，选择云盘中的"Ch05 > 素材 > 制作液晶电视广告 > 01"文件，单击"打开"按钮，文件被导入到舞台窗口中，效果如图 5-47 所示。

（3）在"时间轴"面板中创建新图层并将其命名为"视频"。选择"文件 > 导入 > 导入视频"命令，在弹出的"导入视频"对话框中，单击"浏览..."按钮，在弹出的"打开"对话框中，选择云盘中的"Ch05 > 素材 > 制作液晶电视广告 > 02"文件，如图 5-48 所示。

图 5-47

单击"打开"按钮，返回到"导入视频"对话框，点选"在 SWF 中嵌入 FLV 并在时间轴中播放"单选项，如图 5-49 所示。

图 5-48　　　　　　　　　　　　　　　　图 5-49

（4）单击"下一步"按钮，弹出"嵌入"对话框，对话框中的设置如图 5-50 所示。单击"下一步"按钮，弹出"完成视频导入"对话框，如图 5-51 所示。单击"完成"按钮完成视频的导入，"02"视频文件被导入到舞台窗口中，如图 5-52 所示。选中"底图"图层的第 250 帧，按 F5 键，插入普通帧，如图 5-53 所示。

图 5-50   图 5-51

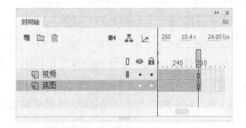

图 5-52   图 5-53

（5）保持视频的被选中状态，按 Ctrl+T 组合键，弹出"变形"面板。单击"约束"按钮 ⚭，取消比例约束，将"缩放宽度"项设为 74，"缩放高度"项设为 80，效果如图 5-54 所示。

（6）在嵌入的视频"属性"面板中，将"X"项设为 363.5，"Y"项设为 154.8，如图 5-55 所示，效果如图 5-56 所示。

图 5-54   图 5-55   图 5-56

（7）在"时间轴"面板中创建新图层并将其命名为"边框"。选择"矩形"工具 ▢，在矩形工具

"属性"面板中，将"笔触颜色"设为黑色，"填充颜色"设为无，"笔触"项设为 5。单击工具箱下方的"对象绘制"按钮 ◎，在舞台窗口中绘制一个矩形。

（8）选择"选择"工具 ▶，选中绘制的矩形，在绘制对象"属性"面板中，将"宽"项设为 362，"高"项设为 205，"X"项设为 364，"Y"项设为 156，如图 5-57 所示，效果如图 5-58 所示。液晶电视广告制作完成，按 Ctrl+Enter 组合键即可查看效果。

图 5-57

图 5-58

5.3 课堂练习——制作旅游广告

🔗 练习知识要点

使用"导入视频"命令，导入视频；使用任意变形工具，调整视频的大小。效果如图 5-59 所示。

图 5-59

扫码观看
本案例视频

◎ 效果所在位置

云盘/Ch05/效果/制作旅游广告.fla。

5.4 课后习题——制作冰啤广告

🔗 习题知识要点

使用"导入到库"命令，将素材导入到"库"面板中；使用"转换位图为矢量图"命令，将位图转换为矢量图形。效果如图 5-60 所示。

扫码观看
本案例视频

图 5-60

📍 效果所在位置

云盘/Ch05/效果/制作冰啤广告.fla。

06

第 6 章
元件和库

在 Animate CC 2019 中，元件有着举足轻重的作用。通过重复应用元件，可以提高工作效率并减少文件量。本章主要讲解元件的创建、编辑、应用以及"库"面板的使用方法。通过学习这些内容，读者可以了解并掌握如何应用元件的相互嵌套及重复应用来设计制作出变化无穷的动画效果。

课堂学习目标

- ✔ 了解元件的类型
- ✔ 掌握元件的创建方法
- ✔ 掌握元件的引用方法
- ✔ 运用"库"面板编辑元件

6.1　元件的 3 种类型

在 Animate 的舞台上，经常要有一些对象进行"表演"，当不同的舞台剧幕上有相同的对象进行表演时，若还要重新建立并使用这些重复对象的话，动画文件会非常大。另外，如果动画中使用很多重复的对象而不使用元件，装载时就要不断地重复装载对象，也就增大了动画演示时间。因此，Animate 引入元件的概念。所谓元件就是可以被不断重复使用的特殊对象符号。当不同的舞台剧幕上有相同的对象进行"表演"时，用户可先建立该对象的元件，需要时只需在舞台上创建该元件的实例即可。因为实例是元件在场景中的表现形式，也是元件在舞台上的一次具体使用，演示动画时重复创建元件的实例只加载一次，所以使用元件不会增加动画文件的大小。

6.1.1　图形元件

图形元件 有自己的编辑区和时间轴，一般用于创建静态图像或创建可重复使用的、与主时间轴关联的动画。如果在场景中创建元件的实例，那么实例将受到主场景中时间轴的约束。换句话说，图形元件中的时间轴与其实例在主场景的时间轴是同步的。另外，我们可以在图形元件中使用矢量图、图像、声音和动画的元素，但不能为图形元件提供实例名称，也不能在动作脚本中引用图形元件，并且声音在图形元件中失效。

6.1.2　按钮元件

按钮元件 主要是创建能激发某种交互行为的按钮。创建按钮元件的关键是设置 4 种不同状态的帧，即"弹起"（鼠标抬起）、"指针经过"（鼠标指针移入）、"按下"（鼠标按下）、"点击"（鼠标响应区域，在这个区域创建的图形不会出现在画面中）。

6.1.3　影片剪辑元件

影片剪辑元件 也像图形元件一样有自己的编辑区和时间轴，但又不完全相同。影片剪辑元件的时间轴是独立的，它不受其实例在主场景时间轴（主时间轴）的控制。比如，在场景中创建影片剪辑元件的实例，此时即便场景中只有一帧，在发布作品时电影片段中也可播放动画。另外，我们可以在影片剪辑元件中使用矢量图、图像、声音、影片剪辑元件、图形组件、按钮组件等，并且能在动作脚本中引用影片剪辑元件。

6.2　创建元件

在创建元件时，我们可根据作品的需要来判断元件的类型。

6.2.1　创建图形元件

选择"插入 > 新建元件"命令，或按 Ctrl+F8 组合键，弹出"创建新元件"对话框。在"名称"

项的文本框中输入"收音机"，在"类型"选项下拉
列表中选择"图形"选项，如图 6-1 所示。

单击"确定"按钮，创建一个新的图形元件"收
音机"。图形元件的名称出现在舞台的左上方，舞台
切换到图形元件"收音机"的窗口，窗口中间出现十
字"+"，代表图形元件的中心定位点，如图 6-2 所
示。在"库"面板中显示图形元件，如图 6-3 所示。

图 6-1

选择"文件 > 导入 > 导入到舞台"命令，弹出"导入"对话框，在弹出的对话框中选择云盘中
的"基础素材 > Ch06 > 01"文件，单击"打开"按钮，将素材导入到舞台，如图 6-4 所示，完成
图形元件的创建。单击舞台窗口左上方的"场景 1"图标 场景 1，就可以返回到场景的编辑舞台。

图 6-2   图 6-3   图 6-4

6.2.2　创建按钮元件

虽然 Animate CC 2019 库中提供了一些按钮，但如果需要使用复杂的按钮，还是需要我们自己
创建。

选择"插入 > 新建元件"命令，弹出"创建新元件"对话框，在"名称"项的文本框中输入"表
情"，在"类型"选项下拉列表中选择"按钮"选项，如图 6-5 所示。

单击"确定"按钮，创建一
个新的按钮元件"表情"。按钮
元件的名称出现在舞台的左上
方，舞台切换到按钮元件"按钮"
的窗口，窗口中间出现十字"+"，
代表按钮元件的中心定位点。在
"时间轴"窗口中显示 4 个状态
帧："弹起""指针经过""按
下""点击"，如图 6-6 所示。

图 6-5   图 6-6

"弹起"帧：设置鼠标指针不在按钮上时按钮的外观。
"指针经过"帧：设置鼠标指针放在按钮上时按钮的外观。
"按下"帧：设置按钮被单击时的外观。
"点击"帧：设置响应鼠标单击的区域。此区域在影片里不可见。

"库"面板中的效果如图 6-7 所示。

选择"文件 > 导入 > 导入到舞台"命令，在弹出的"导入"对话框中，选择云盘中的"基础素材 > Ch06 > 02"文件，单击"打开"按钮，弹出提示对话框。单击"否"按钮，弹出"将'02.ai'导入到库"对话框。单击"导入"按钮，文件被导入到舞台窗口中，如图 6-8 所示。在"时间轴"面板中选中"指针经过"帧，按 F7 键，插入空白关键帧，如图 6-9 所示。

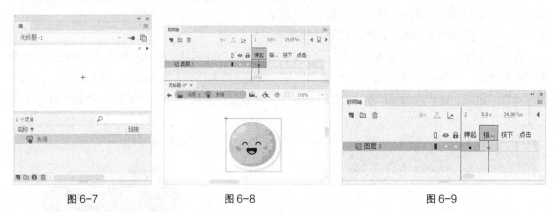

图 6-7 　　　　　　　　图 6-8 　　　　　　　　图 6-9

选择"文件 > 导入 > 导入到库"命令，在弹出的"导入到库"对话框中，选择云盘中的"基础素材 > Ch06 > 03、04"文件，单击"打开"按钮，弹出提示对话框。单击"导入"按钮，将文件导入到"库"面板中，如图 6-10 所示。将"库"面板中的图形元件"03"拖曳到舞台窗口中，并放置在适当的位置，如图 6-11 所示。在"时间轴"面板中选中"按下"帧，按 F7 键，插入空白关键帧，如图 6-12 所示。

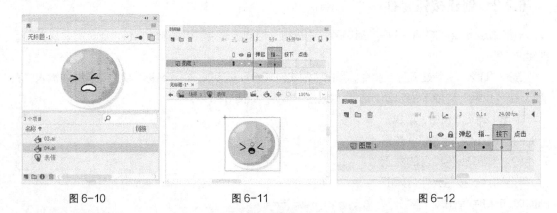

图 6-10 　　　　　　　　图 6-11 　　　　　　　　图 6-12

将"库"面板中的图形元件"04"拖曳到舞台窗口中，并放置在适当的位置，如图 6-13 所示。在"时间轴"面板中选中"点击"帧，按 F7 键，插入空白关键帧，如图 6-14 所示。选择"基本矩形"工具，在工具箱中将"笔触颜色"设为无，"填充颜色"设为黑色，在舞台窗口中绘制一个矩形，作为按钮动画应用时鼠标响应的区域，如图 6-15 所示。

按钮元件制作完成，在各关键帧上，舞台中显示的图形如图 6-16 所示。单击舞台窗口左上方的"场景 1"图标 场景 1，就可以返回到场景的编辑舞台。

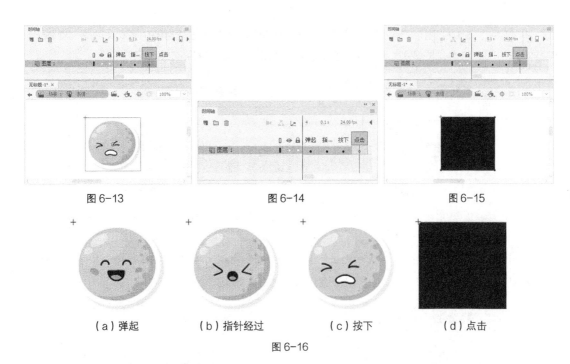

图 6-13 图 6-14 图 6-15

（a）弹起 （b）指针经过 （c）按下 （d）点击

图 6-16

6.2.3 创建影片剪辑元件

选择"插入 > 新建元件"命令，弹出"创建新元件"对话框。在"名称"项的文本框中输入"变形"，在"类型"选项下拉列表中选择"影片剪辑"选项，如图 6-17 所示。

图 6-17

单击"确定"按钮，创建一个新的影片剪辑元件"变形"。影片剪辑元件的名称出现在舞台的左上方，舞台切换到影片剪辑元件"变形"的窗口，窗口中间出现十字"+"，代表影片剪辑元件的中心定位点，如图 6-18 所示。在"库"面板中显示出影片剪辑元件，如图 6-19 所示。

选择"文件 > 导入 > 导入到库"命令，在弹出的"导入到库"对话框中，选择云盘中的"基础素材 > Ch06 > 05、06"文件，单击"打开"按钮，弹出提示对话框。单击"导入"按钮，将文件导入到"库"面板中，如图 6-20 所示。

图 6-18 图 6-19 图 6-20

　　将"库"面板中的图形元件"05"拖曳到舞台窗口中，并放置在适当的位置，如图 6-21 所示。保持实例的选取状态，按多次 Ctrl+B 组合键，将其打散，效果如图 6-22 所示。

图 6-21　　　　　　　　　　　　　　　图 6-22

　　选中第 10 帧，按 F7 键，插入空白关键帧。将"库"面板中的图形元件"06"拖曳到舞台窗口中，如图 6-23 所示。按多次 Ctrl+B 组合键，将其打散，效果如图 6-24 所示。

图 6-23　　　　　　　　　　　　　　　图 6-24

　　用鼠标右键单击第 1 帧，在弹出的快捷菜单中选择"创建补间形状"命令，如图 6-25 所示，生成形状补间动画，如图 6-26 所示。

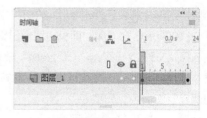

图 6-25　　　　　　　　　　　　　　　图 6-26

　　影片剪辑元件制作完成。在不同的关键帧上，舞台中显示出不同的变形图形，如图 6-27 所示。单击舞台窗口左上方的"场景 1"图标 ，就可以返回到场景的编辑舞台。

第 1 帧　　　　　　第 4 帧　　　　　　第 7 帧　　　　　　第 10 帧

图 6-27

6.3 元件的引用——实例

实例是元件在舞台上的一次具体使用。当修改元件时，该元件的实例也随之被更改。重复使用实例不会增加动画文件的大小，是使动画文件保持较小体积的一个很好的策略。每一个实例都有区别于其他实例的属性，这可以通过修改该实例"属性"面板的相关属性来实现。

6.3.1 建立实例

1. 建立图形元件的实例

打开云盘中的"基础素材 > Ch06 > 元件演示"文件。选择"窗口 > 库"命令，弹出"库"面板。在面板中选中图形元件"海星"，如图 6-28 所示，将其拖曳到场景中，场景中的图形就是图形元件"海星"的实例，如图 6-29 所示。选中该实例，图形"属性"面板中的效果如图 6-30所示。

图 6-28

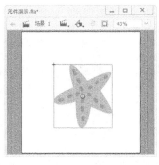

图 6-29

图 6-30

"交换…"按钮：用于交换元件。

"X""Y"项：用于设置实例在舞台中的位置。

"宽""高"项：用于设置实例的宽度和高度。

"色彩效果"选项组中的"样式"选项：用于设置实例的明亮度、色调和透明度。

"循环"选项组"选项"中各选项的含义如下。

➡ "循环"：按照当前实例占用的帧数来循环包含在该实例内的所有动画序列。

➡ "播放一次"：从指定的帧开始播放动画序列，直到动画结束，然后停止。

➡ "单帧"：显示动画序列的一帧。

"第一帧"数值项：用于指定动画从哪一帧开始播放。

"使用帧选择器…"按钮：单击该按钮，在弹出的面板中可以直观地预览并选择图形元件的第一帧。

"嘴形同步…"按钮：使用该选项可以自动嘴形同步所选音频层，这样我们可以在时间轴上更轻松、快速地放置合适的嘴形。

2．建立按钮元件的实例

在"库"面板中选择按钮元件"表情"，如图 6-31 所示，将其拖曳到场景中，场景中的图形就是按钮元件"表情"的实例，如图 6-32 所示。

选中该实例，其"属性"面板中的效果如图 6-33 所示。

图 6-31

图 6-32

图 6-33

"实例名称"文本框：可以在文本框中为实例设置一个新的名称。

"显示"选项组中各选项的含义如下。

➡ "可见"：该复选项可以控制按钮的可见性。

➡ "混合"：用来控制按钮与下面图像的叠加模式。

➡ "呈现"：用来控制测试时显示的状态。

"字距调整"选项组的"选项"中各选项的含义如下。

➡ "音轨作为按钮"：选择此选项，在动画运行中，当按钮元件被按下时，画面上的其他对象不再响应鼠标操作。

➡ "音轨作为菜单项"：选择此选项，在动画运行中，当按钮元件被按下时，其他对象还会响应鼠标操作。

"辅助功能"选项组：主要用来辅助按钮的信息。

按钮"属性"面板中的其他选项与图形"属性"面板中的选项作用相同，不再一一介绍。

3. 建立影片剪辑元件的实例

在"库"面板中选择影片剪辑元件"变形"，如图 6-34 所示，将其拖曳到场景中，场景中的图形就是影片剪辑元件"变形"的实例，如图 6-35 所示。

选中该实例，影片剪辑"属性"面板中的效果如图 6-36 所示。

图 6-34　　　　　　　　图 6-35　　　　　　　　图 6-36

影片剪辑"属性"面板中的选项与图形"属性"面板、按钮"属性"面板中的选项作用相同，不再一一介绍。

6.3.2　改变实例的颜色和透明效果

每个实例都有自己的颜色和透明度，要修改它们，可先在舞台中选择实例，然后修改"属性"面板中的相关属性。

在舞台中选中实例，在"属性"面板中选择"样式"选项的下拉列表，如图 6-37 所示。

"无"选项：表示对当前实例不进行任何更改。如果对实例以前做的变化效果不满意，可以选择此选项，取消实例的变化效果，再重新设置新的效果。

"亮度"选项：用于调整实例的明暗对比度。可以在"亮度"项的数值框中直接输入数值，也可以拖动滑块来设置数值，如图 6-38 所示。其默认的数值为 0，取值范围为 -100～100。当取值大于 0 时，实例变亮；当取值小于 0 时，实例变暗。

图 6-37　　　　　　　　图 6-38

　　"色调"选项：用于为实例增加颜色。可以单击"样式"选项右侧的"着色"按钮，在弹出的色板中选择要应用的颜色。在"色调"项右侧的"着色量"数值框中输入数值，如图 6-39 所示。数值范围为 0 ~ 100。当数值为 0 时，实例颜色将不受影响；当数值为 100 时，实例的颜色将完全被所选颜色取代。也可以在"红、绿、蓝"项的数值框中输入数值来设置颜色。

　　"高级"选项：用于设置实例的颜色和透明效果，可以分别调节"Alpha""红""绿"和"蓝"的值。

　　"Alpha"选项：用于设置实例的透明效果，如图 6-40 所示。数值范围为 0 ~ 100。数值为 0 时，实例不透明；数值为 100 时，实例不变。

图 6-39

图 6-40

6.3.3　分离实例

　　实例并不能像一般图形一样可以对其单独修改填充色或线条。如果要对实例进行这些修改，必须将实例分离成图形，断开实例与元件之间的链接。在 Animate 中可以使用"分离"命令分离实例。在分离实例之后修改该实例的元件并不会更新这个元件的实例。

　　选中实例，如图 6-41 所示，选择"修改 > 分离"命令，或按 Ctrl+B 组合键，将实例分离为图形，即填充色和线条的组合，如图 6-42 所示。选择"颜料桶"工具 ，改变图形的填充色，如图 6-43 所示。

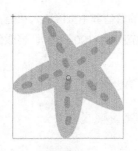
图 6-41

图 6-42

图 6-43

6.3.4　课堂案例——制作教育插画

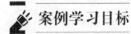
案例学习目标

使用元件"属性"面板改变元件的属性。

案例知识要点

使用"属性"面板，调整元件的不透明度；使用"分离"命令，将元件打散；使用"变形"面板，旋转元件的角度；使用文本工具，输入文字。效果如图 6-44 所示。

扫码观看
本案例视频

扫码查看
扩展案例

图 6-44

效果所在位置

云盘/Ch06/效果/制作教育插画. fla。

（1）按 Ctrl+O 组合键，在弹出的"打开"对话框中，选择云盘中的"Ch06 > 素材 > 制作教育插画 > 01.fla"文件，如图 6-45 所示。单击"打开"按钮，打开文件，如图 6-46 所示。

图 6-45

图 6-46

（2）在"时间轴"面板中创建新图层并将其命名为"矩形阴影"。将"库"面板中的图形元件"褐色矩形"拖曳到舞台窗口中，并放置在适当的位置，如图 6-47 所示。在图形"属性"面板中，选择"色彩效果"选项组，在"样式"选项的下拉列表中选择"Alpha"选项，将其值设为 22，如图 6-48 所示。按 Enter 键，舞台窗口中效果如图 6-49 所示。

（3）在"时间轴"面板中创建新图层并将其命名为"铅笔阴影"。将"库"面板中的图形元件"阴影"拖曳到舞台窗口中，并放置在适当的位置，如图 6-50 所示。

（4）在"时间轴"面板中创建新图层并将其命名为"铅笔"。将"库"面板中的图形元件"铅笔"拖曳到舞台窗口中，并放置在适当的位置，如图 6-51 所示。选择"选择"工具 ▶，按住 Alt 键的同时，拖曳"铅笔"实例到适当的位置，复制铅笔实例，效果如图 6-52 所示。

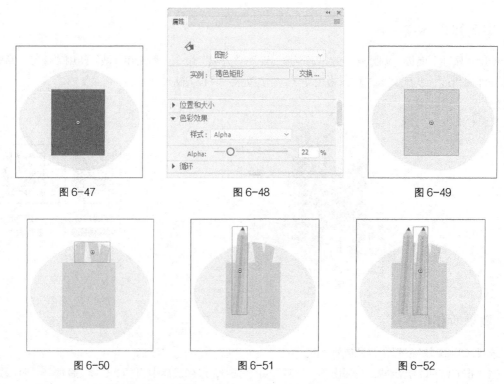

图 6-47　　　　　　　　　图 6-48　　　　　　　　　图 6-49

图 6-50　　　　　　　　　图 6-51　　　　　　　　　图 6-52

（5）按 Ctrl+T 组合键，弹出"变形"面板。将"旋转"项设为-13.5，如图 6-53 所示。按 Enter 键确认操作，并将其拖曳到适当的位置，效果如图 6-54 所示。按两次 Ctrl+B 组合键，将"铅笔"实例打散，效果如图 6-55 所示。

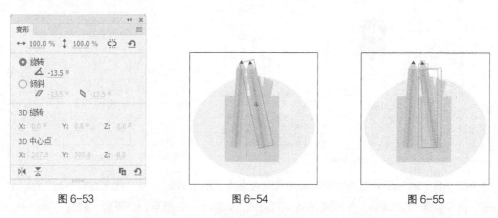

图 6-53　　　　　　　　　图 6-54　　　　　　　　　图 6-55

（6）选中图 6-56 所示的矩形，在工具箱中将"填充颜色"设为橘黄色（#E4932C），效果如图 6-57 所示。用相同的方法将该矩形上方的矩形设为橘红色（#CF7513），效果如图 6-58 所示。

（7）在舞台窗口中选中"铅笔"实例，按住 Alt 键的同时，向右拖曳到适当的位置，复制铅笔实例，效果如图 6-59 所示。按 Ctrl+T 组合键，弹出"变形"面板，将"旋转"项设为 8，按 Enter 键确认操作，并将其拖曳到适当的位置，效果如图 6-60 所示。按两次 Ctrl+B 组合键，将"铅笔"实例打散，效果如图 6-61 所示。

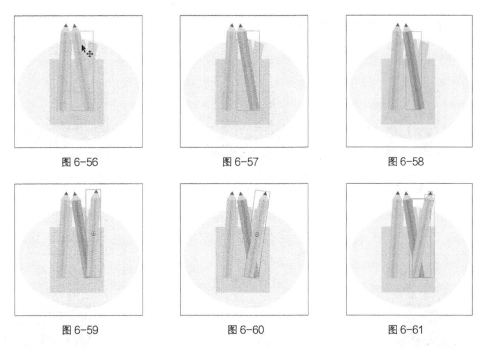

图 6-56   图 6-57   图 6-58

图 6-59   图 6-60   图 6-61

（8）选中图 6-62 所示的矩形，在工具箱中将"填充颜色"设为绿色（#8ABB28），效果如图 6-63 所示。用相同的方法将该矩形上方的矩形设为深绿色（#5F7F34），效果如图 6-64 所示。

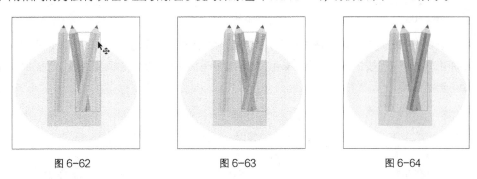

图 6-62   图 6-63   图 6-64

（9）在"时间轴"面板中创建新图层并将其命名为"褐色矩形"。将"库"面板中的图形元件"褐色矩形"拖曳到舞台窗口中，并放置在适当的位置，如图 6-65 所示。

（10）在"时间轴"面板中创建新图层并将其命名为"绿色矩形"。将"库"面板中的图形元件"绿色矩形"拖曳到舞台窗口中，并放置在适当的位置。按 Ctrl+T 组合键，弹出"变形"面板，将"旋转"项设为-6，按 Enter 键确认操作，效果如图 6-66 所示。

（11）在舞台窗口中选中"绿色矩形"实例，按住 Alt 键的同时，拖曳实例到适当的位置，复制绿色矩形实例，效果如图 6-67 所示。

（12）选中图 6-68 所示的"绿色矩形"实例。在图形"属性"面板中，选择"色彩效果"选项组，在"样式"选项的下拉列表中选择"Alpha"选项，将其值设为 22，如图 6-69 所示。按 Enter 键，舞台窗口中效果如图 6-70 所示。

（13）在"时间轴"面板中创建新图层并将其命名为"文字"。选择"文本"工具 T，在文本工具"属性"面板中进行设置，在舞台窗口中适当的位置输入大小为 59，字体为"方正卡通简体"的黑色（#3A3C38）文字，文字效果如图6-71所示。

图6-65

图6-66

图6-67

图6-68

图6-69

图6-70

（14）选择"选择"工具 ▶，选中文字。按 Ctrl+T 组合键，弹出"变形"面板，将"旋转"项设为-6，如图6-72所示。按Enter键确认操作，效果如图6-73所示。教育插画制作完成，按Ctrl+Enter组合键即可查看效果。

图6-71

图6-72

图6-73

6.4 库

在 Animate 文档的"库"面板中可以存储创建的元件和导入的文件。只要建立 Animate 文档，就可以使用相应的库。

6.4.1 "库"面板的组成

选择"窗口 > 库"命令，或按 Ctrl+L 组合键，弹出"库"面板，如图 6-74 所示。

库的名称：在"库"面板的下方显示出与"库"面板相对应的文档名称。

元件数量：在"名称"的上方显示出当前"库"面板中的元件数量。

预览区域：在元件数量上方为预览区域，可以在此观察选定元件的效果。如果选定的元件为多帧组成的动画，在预览区域的右上方会显示出两个按钮 ▣ ▶ 。

图 6-74

→ "播放"按钮 ▶ ：单击此按钮，可以在预览区域里播放动画。

→ "停止"按钮 ■ ：单击此按钮，停止播放动画。

当"库"面板呈最大宽度显示时，将出现如下一些按钮。

"名称"按钮：单击此按钮，"库"面板中的元件将按名称排序。

"类型"按钮：单击此按钮，"库"面板中的元件将按类型排序。

"使用次数"按钮：单击此按钮，"库"面板中的元件将按被引用的次数排序。

"链接"按钮：与"库"面板弹出式菜单中"链接"命令的设置相关联。

"修改日期"按钮：单击此按钮，"库"面板中的元件将按被修改的日期进行排序。

在"库"面板的下方有如下 4 个按钮。

"新建元件"按钮 ▣ ：用于创建元件。单击此按钮，弹出"创建新元件"对话框，可以通过设置创建新的元件。

"新建文件夹"按钮 ▢ ：用于创建文件夹。我们可以分门别类地建立文件夹，将相关的元件调入其中，以方便管理。单击此按钮，在"库"面板中生成新的文件夹，可以设定文件夹的名称。

"属性"按钮 ❶ ：用于转换元件的类型。单击此按钮，弹出"元件属性"对话框，可以实现元件类型的相互转换。

"删除"按钮 🗑 ：删除"库"面板中被选中的元件或文件夹。单击此按钮，所选的元件或文件夹被删除。

图 6-75

6.4.2 "库"面板弹出式菜单

单击"库"面板右上方的按钮 ▤ ，出现弹出式菜单，在此菜单中提供了很多实用的命令，如图 6-75 所示。

"新建元件"命令：用于创建一个新的元件。

"新建文件夹"命令：用于创建一个新的文件夹。

"新建字型"命令：用于创建字体元件。

"新建视频"命令：用于创建视频资源。

"重命名"命令：用于重新设定元件的名称。也可双击要重命名的元件，再更改名称。

"删除"命令：用于删除当前选中的元件。

"直接复制"命令：用于复制当前选中的元件。此命令不能用于复制文件夹。

"移至"命令：用于将选中的元件移动到新建的文件夹中。

"编辑"命令：选择此命令，主场景舞台被切换到当前选中元件的舞台。

"编辑方式"命令：用于编辑所选位图元件。

"编辑 Audition"命令：用于打开 Adobe Audition 软件，对音频进行润饰、音乐自定、添加声音效果等操作。

"播放"命令：用于播放按钮元件或影片剪辑元件中的动画。

"更新"命令：用于更新资源文件。

"属性"命令：用于查看元件的属性或更改元件的名称和类型。

"组件定义"命令：用于设置组件的类型、数值和描述语句等属性。

"运行时共享库 URL…"命令：用于设置公用库的链接。

"选择未用项目"命令：用于选出在"库"面板中未经使用的元件。

"展开文件夹"命令：用于打开所选文件夹。

"折叠文件夹"命令：用于关闭所选文件夹。

"展开所有文件夹"命令：用于打开"库"面板中的所有文件夹。

"折叠所有文件夹"命令：用于关闭"库"面板中的所有文件夹。

"锁定"命令：用于锁定"库"面板的位置。

"帮助"命令：用于调出软件的帮助文档。

"关闭"命令：选择此命令可以将"库"面板关闭。

"关闭组"命令：选择此命令将关闭组合后的面板组。

6.5 课堂练习——制作小鸟卡片

🔗 练习知识要点

使用基本矩形工具和文本工具，制作按钮元件；使用"影片剪辑"元件，制作心动效果；使用"变形"面板，调整元件的大小。效果如图 6-76 所示。

扫码观看
本案例视频

图 6-76

效果所在位置

云盘/Ch06/效果/制作小鸟卡片.fla。

6.6 课后习题——制作动态按钮

习题知识要点

使用"打开"命令和"新建元件"命令，制作图形元件；使用"属性"面板和"新建元件"命令，制作按钮元件。效果如图 6-77 所示。

扫码观看
本案例视频

图 6-77

效果所在位置

云盘/Ch06/效果/制作动态按钮.fla。

07

第 7 章
制作基本动画

利用 Animate CC 2019 制作动画,时间轴和帧起到了关键性的作用。本章主要讲解动画中帧和时间轴的使用方法及应用技巧、基础动画的制作方法。通过学习这些内容,读者可以了解并掌握如何灵活地应用帧和时间轴,并根据设计需要制作出丰富多彩的动画效果。

课堂学习目标

- ✔ 了解动画与帧的基本概念
- ✔ 掌握时间轴的使用方法
- ✔ 掌握逐帧动画的制作方法
- ✔ 掌握形状补间动画的制作方法
- ✔ 掌握传统补间动画的制作方法
- ✔ 掌握测试动画的方法

7.1 动画与帧的基本概念

现代医学研究证明，人眼具有"视觉暂留"的特点，即人眼看到物体或画面后，在 1/24s 内不会消失。利用这一原理，在一幅画没有消失之前播放下一幅画，就会使人的视觉感觉到流畅的变化效果。所以，动画就是连续播放的一系列静止画面，让人感觉到连续变化的效果。

在 Animate 中，这一系列单幅的画面就叫帧，它是 Animate 动画中最小时间单位里出现的画面。每秒钟显示的帧数叫帧率。如果帧率太慢就会使人在视觉上感到不流畅。所以，按照人的视觉原理，一般将动画的帧率设为 24 帧/秒。

在 Animate 中，动画制作的过程就是决定动画每一帧显示什么内容的过程。用户可以像制作传统动画一样自己绘制动画的每一帧，即逐帧动画。但逐帧动画所需的工作量非常大。为此，Animate 还提供了一种简单的动画制作方法，即采用关键帧处理技术的插值动画。插值动画又分为运动动画和变形动画两种。

制作插值动画的关键是绘制动画的起始帧和结束帧，中间帧的效果由 Animate 自动计算得出。为此，在 Animate 中提供了关键帧、过渡帧、空白关键帧的概念。

关键帧描绘动画的起始帧和结束帧。当动画内容发生变化时必须插入关键帧，即使是逐帧动画也要为每个画面创建关键帧。关键帧有延续性，开始关键帧中的对象会延续到结束关键帧。

过渡帧是动画起始、结束关键帧中间系统自动生成的帧。

空白关键帧是不包含任何对象的关键帧。因为 Animate 只支持在关键帧中绘制或插入对象，所以当动画内容发生变化而又不希望延续前面关键帧的内容时需要插入空白关键帧。

7.2 帧的显示形式

在 Animate 中，帧包括多种显示形式，如下所示。

➡ 空白关键帧：在时间轴中，白色背景带有黑圈的帧为空白关键帧。表示在当前舞台中没有任何内容，如图 7-1 所示。

➡ 关键帧：在时间轴中，灰色背景带有黑点的帧为关键帧。表示在当前场景中存在一个关键帧，在关键帧相对应的舞台中存在一些内容，如图 7-2 所示。

在时间轴中，存在多个帧。带有黑色圆点的第 1 帧为关键帧，最后 1 帧上面带有黑边的矩形框，为普通帧。除了第 1 帧以外，其他帧均为普通帧，如图 7-3 所示。

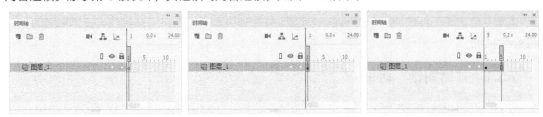

图 7-1   图 7-2   图 7-3

→ 传统补间帧：在时间轴中，带有黑色圆点的第 1 帧和最后 1 帧为关键帧，中间紫色背景带有黑色箭头的帧为补间帧，如图 7-4 所示。

→ 补间形状帧：在时间轴中，带有黑色圆点的第 1 帧和最后 1 帧为关键帧，中间浅咖色背景带有黑色箭头的帧为补间帧，如图 7-5 所示。在时间轴中，帧上出现虚线，表示是未完成或中断了的补间动画，虚线表示不能够生成补间帧，如图 7-6 所示。

图 7-4   图 7-5   图 7-6

→ 包含动作语句的帧：在时间轴中，第 1 帧上出现一个字母 "a"，表示这 1 帧中包含了使用 "动作" 面板设置的动作语句，如图 7-7 所示。

→ 帧标签：在时间轴中，第 1 帧上出现一只红旗，表示这一帧的标签类型是名称。红旗右侧的 "wo" 是帧标签的名称，如图 7-8 所示。

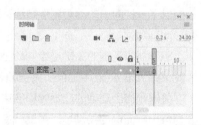

图 7-7

在时间轴中，第 1 帧上出现两条绿色斜杠，表示这一帧的标签类型是注释，如图 7-9 所示。帧注释是对帧的解释，帮助理解该帧在影片中的作用。

在时间轴中，第 1 帧上出现一个金色的锚，表示这一帧的标签类型是锚记，如图 7-10 所示。帧锚记表示该帧是一个定位，方便浏览者在浏览器中快进、快退。

图 7-8   图 7-9   图 7-10

7.3   时间轴的使用

要将一幅幅静止的画面按照某种顺序快速地、连续地播放，需要用时间轴来为它们完成播放时间和顺序的安排。

7.3.1   "时间轴" 面板

"时间轴" 面板是实现动画效果最基本的面板，由图层面板和时间轴组成，如图 7-11 所示。

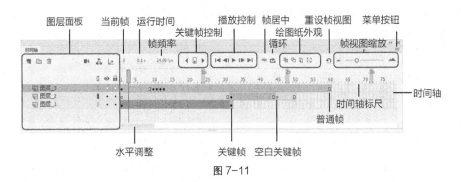

图 7-11

在图层面板的右上方有如下按钮。

"显示或隐藏所有图层"按钮 ⊙：单击此图标，可以隐藏或显示图层中的内容。

"锁定或解除锁定所有图层"按钮 🔒：单击此图标，可以锁定或解锁所有图层。

"将所有图层显示为轮廓"按钮 ▯：单击此图标，可以将图层中的内容以线框的方式显示。

在图层面板的最上方有如下按钮。

"新建图层"按钮 🗂：用于创建图层。

"新建文件夹"按钮 🗀：用于创建图层文件夹。

"删除"按钮 🗑：用于删除无用的图层。

"添加摄像头"按钮 🎥：用于创建摄像机图层。

"显示父级视图"按钮 ♣：用于显示父级关系。

"调用图层深度面板"按钮 ⌁：单击此按钮，可以调出图层深度面板。

单击时间轴右上方的图标 ☰，弹出菜单，如图 7-12 所示。

➡ "很小"命令：以最小的间隔距离显示帧，如图 7-13 所示。

➡ "小"命令：以较小的间隔距离显示帧，如图 7-14 所示。

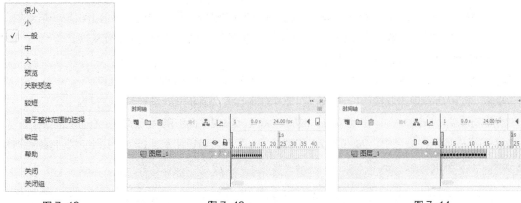

图 7-12   图 7-13   图 7-14

"一般"命令：以标准的间隔距离显示帧，是系统默认的设置。

"中"命令：以较大的间隔距离显示帧，如图 7-15 所示。

"大"命令：以最大的间隔距离显示帧，如图 7-16 所示。

"预览"命令：最大限度地将每一帧中的对象显示在时间轴中，如图 7-17 所示。

"关联预览"命令：每一帧中显示的对象保持与舞台
大小相对应的比例，如图 7-18 所示。

"较短"命令：将帧的高度缩短显示，这样可以在有
限的空间中显示出更多的层，如图 7-19 所示。

"基于整体范围的选择"命令：系统默认状态下为选
中状态。

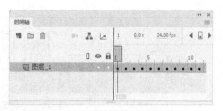

图 7-15

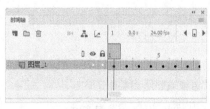

图 7-16

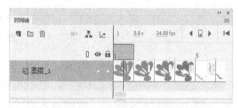

图 7-17

图 7-18

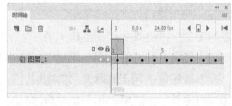

图 7-19

"帮助"命令：用于调出软件的帮助文件。

"关闭"：选择此命令可以将"时间轴"面板关闭。

"关闭组"命令：选择此命令将关闭组合后的面板组。

7.3.2　绘图纸（洋葱皮）功能

一般情况下，在 Animate 舞台上只能显示当前帧中的对象，如果希望在舞台上出现多帧对象以
帮助当前帧对象的定位和编辑，可以通过 Animate 提供的绘图纸（洋葱皮）功能实现。

在"时间轴"面板的上方有如下按钮。

"帧居中"按钮 ：单击此按钮，播放头所在帧会显示在时间轴的中间位置。

"循环"按钮 ：单击此按钮，在标记范围内的帧上将以循环播放方式显示在舞台上。

"绘图纸外观"按钮 ：单击此按钮，时间轴标尺上出现绘图纸的标记显示，在标记范围内的帧
上的对象将同时显示在舞台中，如图 7-20 和图 7-21 所示。可以用鼠标拖动标记点来增加显示的帧
数，如图 7-22 所示。

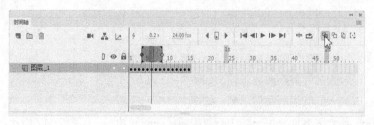

图 7-20

图 7-21

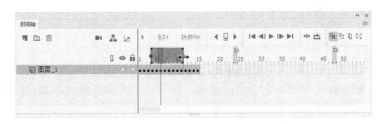

图 7-22

"绘图纸外观轮廓"按钮：单击此按钮，时间轴标尺上出现绘图纸的标记显示。在标记范围内的帧上的对象将以轮廓线的形式同时显示在舞台中，如图 7-23 和图 7-24 所示。

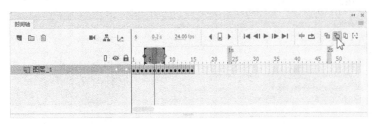

图 7-23

图 7-24

"编辑多个帧"按钮：单击此按钮，绘图纸标记范围内的帧上的对象将同时显示在舞台中，可以同时编辑所有的对象，如图 7-25 和图 7-26 所示。

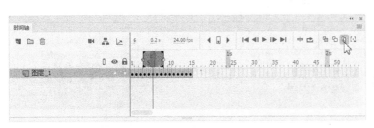

图 7-25

图 7-26

"修改绘图纸标记"按钮：单击此按钮，弹出下拉菜单，如图 7-27 所示。

➡️ "始终显示标记"命令：选择此命令，在时间轴标尺上总是显示出绘图纸标记。

➡️ "锚定标记"命令：选择此命令，将锁定绘图纸标记的显示范围，移动播放头将不会改变显示范围，如图 7-28 所示。

图 7-27

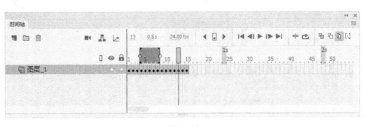

图 7-28

➡️ "切换标记范围"命令：选择此命令，将锁定绘图纸标记的显示范围，移动到播放头所在的位置，如图 7-29 和图 7-30 所示。

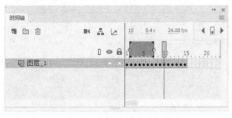
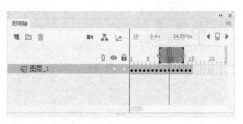

图 7-29　　　　　　　　　　　　　　　　　　　图 7-30

➡️ "标记范围 2" 命令：选择此命令，绘图纸标记显示范围为从当前帧的前 2 帧开始，到当前帧的后 2 帧结束，如图 7-31 和图 7-32 所示。

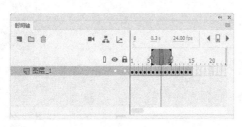
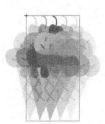

图 7-31　　　　　　　　　　　　　　　　　　　图 7-32

➡️ "标记范围 5" 命令：选择此命令，绘图纸标记显示范围为从当前帧的前 5 帧开始，到当前帧的后 5 帧结束，如图 7-33 和图 7-34 所示。

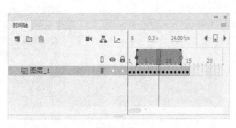
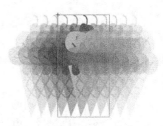

图 7-33　　　　　　　　　　　　　　　　　　　图 7-34

➡️ "标记所有范围" 命令：选择此命令，绘图纸标记显示范围为时间轴中的所有帧，如图 7-35 和图 7-36 所示。

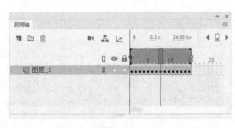
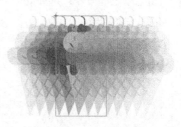

图 7-35　　　　　　　　　　　　　　　　　　　图 7-36

7.3.3　在"时间轴"面板中设置帧

在"时间轴"面板中，可以对帧进行一系列的操作。下面我们就进行具体的讲解。

1．插入帧

（1）应用菜单命令插入帧

选择"插入 > 时间轴 > 帧"命令，或按 F5 键，可以在时间轴上插入一个普通帧。

选择"插入 > 时间轴 > 关键帧"命令，或按 F6 键，可以在时间轴上插入一个关键帧。

选择"插入 > 时间轴 > 空白关键帧"命令，或按 F7 键，可以在时间轴上插入一个空白关键帧。

（2）应用弹出式菜单插入帧

在时间轴上要插入帧的地方单击鼠标右键，在弹出的快捷菜单中选择要插入帧的类型。

2．选择帧

选择"编辑 > 时间轴 > 选择所有帧"命令，或按 Ctrl+Alt+A 组合键，可选中时间轴中的所有帧。

单击要选的帧，帧变为蓝色。

用鼠标选中要选择的帧，再向前或向后进行拖曳，其间鼠标经过的帧全部被选中。

按住 Ctrl 键的同时，用鼠标单击要选择的帧，可以选择多个不连续的帧。

按住 Shift 键的同时，用鼠标单击要选择的两帧，这两帧中间的所有帧都被选中。

3．移动帧

选中一个或多个帧，按住鼠标左键，移动所选帧到目标位置。在移动过程中，如果按住键盘上的 Alt 键，会在目标位置上复制出所选的帧。

选中一个或多个帧，选择"编辑 > 时间轴 > 剪切帧"命令，或按 Ctrl+Alt+X 组合键，剪切所选的帧。选中目标位置，选择"编辑 > 时间轴 > 粘贴帧"命令，或按 Ctrl+Alt+V 组合键，则会在目标位置上粘贴所选的帧。

4．删除帧

用鼠标右键单击要删除的帧，在弹出的快捷菜单中选择"清除帧"命令即可。还可以选中要删除的普通帧，按 Shift+F5 组合键，删除帧；选中要删除的关键帧，按 Shift+F6 组合键，删除关键帧。

提示

在 Animate 系统默认状态下，"时间轴"面板中每一图层的第 1 帧都被设置为关键帧，后面插入的帧将拥有第 1 帧中的所有内容。

7.4 逐帧动画

逐帧动画的制作类似于传统动画制作，每一个帧都是关键帧，整个动画是通过关键帧的不断变化产生的，不依靠 Animate 的运算，设计者需要绘制每一个关键帧中的对象，每个帧都是独立的，在画面上可以是互不相关的。具体操作步骤如下。

（1）新建空白文档，选择"文本"工具 T，在第 1 帧的舞台中输入"春"字，如图 7-37 所示。

（2）按 F6 键，在第 2 帧上插入关键帧，如图 7-38 所示。在第 2 帧的舞台中输入"暖"字，如图 7-39 所示。

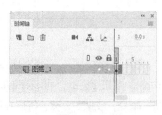

图 7-37　　　　　　　　图 7-38　　　　　　　　图 7-39

（3）用相同的方法在第 3 帧上插入关键帧，在舞台中输入"花"字，如图 7-40 所示。在第 4 帧上插入关键帧，在舞台中输入"开"字，如图 7-41 所示。

图 7-40　　　　　　　　　　　　　　图 7-41

（4）按 Enter 键进行播放，即可观看制作效果。

还可以通过从外部导入图片组来实现逐帧动画的效果。

（1）选择"文件 > 导入 > 导入到舞台"命令，弹出"导入"对话框。在对话框中选择云盘中的"基础素材 > Ch07 > 逐帧动画 > 01"文件，单击"打开"按钮，弹出提示对话框，询问是否将图像序列中的所有图像导入，如图 7-42 所示。

（2）单击"是"按钮，将图像序列导入到舞台中，如图 7-43 所示。按 Enter 键进行播放，即可观看制作效果。

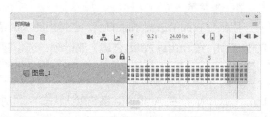

图 7-42　　　　　　　　　　　　　　图 7-43

7.5　形状补间动画

形状补间动画是使图形形状发生变化的动画。形状补间动画所处理的对象必须是舞台上的图形。如果舞台上的对象是组件实例、多个图形的组合、文字、导入的素材对象，必须选择"修改 > 分离"或"修改 > 取消组合"命令，将其打散成图形。利用这种动画，也可以实现改变上述对象的大小、位置、旋转、颜色及透明度等，另外还可以实现一种形状变换成另一种形状的效果。

7.5.1　创建形状补间动画

（1）选择"文件 > 导入 > 导入到舞台"命令，弹出"导入"对话框。在对话框中选择云盘中的"基础素材 > Ch07 > 02"文件，单击"打开"按钮，文件被导入到舞台的第 1 帧中。多次按 Ctrl+B 组合键，将其打散，如图 7-44 所示。

（2）用鼠标右键单击"时间轴"面板中的第 10 帧，在弹出的快捷菜单中选择"插入空白关键帧"命令，如图 7-45 所示，在第 10 帧上插入一个空白关键帧，如图 7-46 所示。

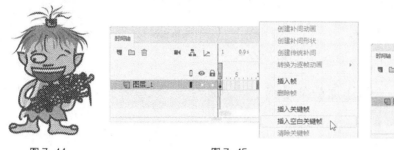

图 7-44   图 7-45   图 7-46

（3）选择"文件 > 导入 > 导入到库"命令，弹出"导入到库"对话框。在对话框中选择云盘中的"基础素材 > Ch07 > 03"文件，单击"打开"按钮，文件被导入到"库"面板中。将"库"面板中的图形元件"03"拖曳到舞台窗口中，多次按 Ctrl+B 组合键，将其打散，如图 7-47 所示。

（4）用鼠标右键单击"时间轴"面板中的第 1 帧，在弹出的快捷菜单中选择"创建补间形状"命令，如图 7-48 所示。

创建"补间形状"后，"属性"面板中出现如下两个新的项。

"缓动"项：用于设定变形动画从开始到结束的变形速度。其取值范围为 0～100。当选择正数时，变形速度呈减速度，即开始时速度快，然后速度逐渐减慢；当选择负数时，变形速度呈加速度，即开始时速度慢，然后速度逐渐加快。

"混合"选项：提供了"分布式"和"角形"两个选项。选择"分布式"选项可以使变形的中间形状趋于平滑。选择"角形"选项则创建包含角度和直线的中间形状。

（5）设置完成后，在"时间轴"面板中，第 1 帧到第 10 帧之间出现浅咖色的背景和黑色的箭头，表示生成形状补间动画，如图 7-49 所示。按 Enter 键进行播放，即可观看制作效果。

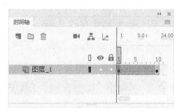

图 7-47   图 7-48   图 7-49

在变形过程中每一帧上的图形都发生不同的变化，如图 7-50 所示。

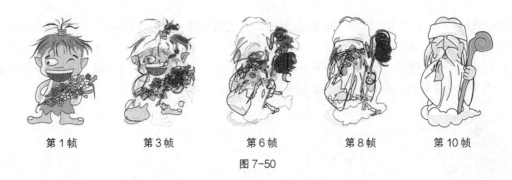

| 第1帧 | 第3帧 | 第6帧 | 第8帧 | 第10帧 |

图 7-50

7.5.2 课堂案例——制作加载条动画

案例学习目标

使用形状补间动画命令制作动画效果。

案例知识要点

使用矩形工具、任意变形工具和"创建补间形状"命令，制作下载条的动画效果；使用文本工具，添加文字。效果如图 7-51 所示。

图 7-51

扫码观看　　扫码查看
本案例视频　扩展案例

效果所在位置

云盘/Ch07/效果/制作加载条动画. fla。

1. 导入素材制作元件

（1）在欢迎页的"详细信息"选项组中，将"宽"项设为 550，"高"项设为 400，"平台类型"选项的下拉列表中选择"ActionScript 3.0"选项，单击"创建"按钮，完成文档的创建。按 Ctrl+J 组合键，弹出"文档设置"对话框，将"舞台颜色"设为淡灰色（#CCCCCC），单击"确定"按钮，完成舞台颜色的修改。

（2）选择"文件 > 导入 > 导入到库"命令，在弹出的"导入到库"对话框中，选择云盘中的"Ch07 > 素材 > 制作加载条动画 > 01~03"文件。单击"打开"按钮，文件被导入到"库"面板中，如图 7-52 所示。

（3）按 Ctrl+F8 组合键，弹出"创建新元件"对话框。在"名称"项的文本框中输入"人物"，在"类型"选项下拉列表中选择"图形"选项，如图 7-53 所示。单击"确定"按钮，新建图形元件"人物"。舞台窗口也随之转换为图形元件的舞台窗口。将"库"面板中的位图"02"拖曳到舞台窗口中，如图 7-54 所示。

图 7-52   图 7-53   图 7-54

（4）按 Ctrl+F8 组合键，弹出"创建新元件"对话框。在"名称"项的文本框中输入"文字动"，在"类型"选项下拉列表中选择"影片剪辑"选项，如图 7-55 所示。单击"确定"按钮，新建影片剪辑元件"文字动"。舞台窗口也随之转换为影片剪辑元件的舞台窗口。

（5）选择"文本"工具 T，在文本工具"属性"面板中进行设置，在舞台窗口中适当的位置输入大小为 15、字体为"方正超粗黑简体"的白色英文，文字效果如图 7-56 所示。

图 7-55   图 7-56

（6）选中"图层_1"的第 4 帧，按 F6 键，插入关键帧。用文字工具在矩形点的后面单击，使文字处于编辑状态，如图 7-57 所示。输入一个点，效果如图 7-58 所示。

图 7-57   图 7-58

（7）用相同的方法，在"图层_1"的第 7 帧、第 10 帧、第 13 帧、第 16 帧上分别插入关键帧，并且每插入一帧，都要在文字后面加上一个点，"时间轴"面板如图 7-59 所示。选中第 18 帧，按 F5 键，插入普通帧。舞台窗口中的效果如图 7-60 所示。

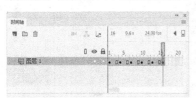

图 7-59   图 7-60

2．制作场景动画效果

（1）单击舞台窗口左上方的"场景1"图标 场景1，进入"场景1"的舞台窗口。将"图层_1"重新命名为"底图"。将"库"面板中的位图"01"拖曳到舞台窗口中，如图7-61所示。选中"底图"图层的第120帧，按F5键，插入普通帧。

（2）在"时间轴"面板中创建新图层并将其命名为"加载条"。选择"矩形"工具 ，在工具箱中，将"笔触颜色"设为无，"填充颜色"设为绿色（#00FF00），在下载框的左侧绘制出一个矩形，如图7-62所示。

图7-61

图7-62

（3）选中"加载条"图层的第120帧，按F6键，插入关键帧。选择"任意变形"工具 ，在矩形的周围出现控制框，按住Alt键的同时按住鼠标左键向右拖曳右侧中间的控制点到适当的位置，改变矩形的宽度，效果如图7-63所示。

（4）用鼠标右键单击"加载条"图层的第1帧，在弹出的快捷菜单中选择"创建补间形状"命令，生成形状补间动画，如图7-64所示。

（5）在"时间轴"面板中创建新图层并将其命名为"边框"。将"库"面板中的位图"03"拖曳到舞台窗口中，选择"任意变形"工具 ，将其缩放大小并放置在适当的位置，如图7-65所示。

图7-63

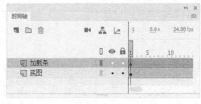
图7-64

图7-65

（6）在"时间轴"面板中创建新图层并将其命名为"人物"。将"库"面板中的图形元件"人物"拖曳到舞台窗口中，并放置在适当的位置，如图7-66所示。

（7）选中"人物"图层的第120帧，按F6键，插入关键帧。在舞台窗口中将"人物"实例水平向右拖曳到适当的位置，如图7-67所示。用鼠标右键单击"人物"图层的第1帧，在弹出的快捷菜单中选择"创建传统补间"命令，生成传统补间动画，如图7-68所示。

图7-66

图7-67

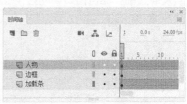
图7-68

（8）在"时间轴"面板中创建新图层并将其命名为"文字"。选中"文字"图层的第 1 帧，将"库"
面板中的影片剪辑元件"文字动"拖曳到舞台窗口中，并放置在适当的位置，如图 7-69 所示。加载
条动画制作完成，按 Ctrl+Enter 组合键，效果如图 7-70 所示。

图 7-69　　　　　　　　　　　　　　图 7-70

7.6　传统补间动画

可以通过以下方法来创建补间动画：在起始关键帧中为实例、组合对象或文本定义属性，然后在
后续关键帧中更改对象的属性。Animate 可以在关键帧之间的帧中创建从第 1 个关键帧到下一个关键
帧的动画。

7.6.1　创建补间动画

补间动画是一种使用元件的动画，可以对元件进行位移、大小、旋转、透明和颜色等动画
设置。

（1）打开云盘中的"基础素材 > Ch07 > 04"文件，如图 7-71 所示。在"时间轴"面板中创建
新图层并将其命名为"飞机"，如图 7-72 所示。将"库"面板中的图形元件"飞机"拖曳到舞台窗口
中，并放置在适当的位置，如图 7-73 所示。

图 7-71　　　　　　　　图 7-72　　　　　　　　图 7-73

（2）分别选中"底图"图层和"飞机"图层的第 40 帧，按 F5 键，插入普通帧。用鼠标右键单击
"飞机"图层的第 1 帧，在弹出的菜单中选择"创建补间动画"命令，如图 7-74 所示，创建补间动画，
如图 7-75 所示。

创建完成后补间范围以黄色背景显示，而且只有第 1 帧为关键帧，其余帧均为普通帧。

图 7-74

图 7-75

设为"动画"后，"属性"面板中出现多个新的选项，如图 7-76 所示。

"缓动"项：用于设定动作补间动画从开始到结束时的运动速度。其取值范围为-100～100。当选择正数时，运动速度呈减速度，即开始时速度快，然后逐渐速度减慢；当选择负数时，运动速度呈加速度，即开始时速度慢，然后逐渐速度加快。

"旋转"项：用于设置对象在运动过程中的旋转样式和次数。

"方向"选项：用于设置旋转的方向。

"调整到路径"复选框：勾选此复选框，可以按照运动轨迹曲线改变变化的方向。

图 7-76

"路径"选项组：用于设置运动轨迹。

"同步图形元件" 复选框：勾选此复选框，如果对象是一个包含动画效果的图形组件实例，其动画和主时间轴同步。

（3）选中"飞机"图层的第 40 帧，在舞台窗口中将"飞机"实例拖曳到适当的位置，如图 7-77 所示。此时在第 40 帧上会自动产生一个属性关键帧，并在舞台窗口中显示运动轨迹。

（4）选择"选择"工具，将鼠标指针置于在运动轨迹上，鼠标指针变为，如图 7-78 所示。单击并拖曳鼠标可以更改运动轨迹，效果如图 7-79 所示。

图 7-77

图 7-78

图 7-79

完成补间动画的制作。按 Enter 键，让播放头进行播放，即可观看制作效果。

7.6.2　创建传统补间动画

（1）新建空白文档，选择"文件 > 导入 > 导入到库"命令，弹出"导入到库"对话框，在对话框中选择云盘中的"基础素材 > Ch07 > 05"文件，单击"打开"按钮，弹出对话框，所有选项为默认值。单击"导入"按钮，文件被导入到"库"面板中，如图 7-80 所示。将"库"面板中的图形元件"05"拖曳到舞台的左侧，如图 7-81 所示。

（2）用鼠标右键单击"时间轴"面板中的第 10 帧，在弹出的快捷菜单中选择"插入关键帧"命令，如图 7-82 所示，在第 10 帧上插入一个关键帧，如图 7-83 所示。在舞台窗口中将"05"实例拖曳到舞台的右侧，如图 7-84 所示。

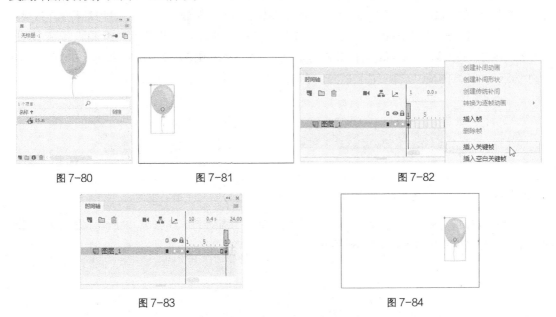

| 图 7-80 | 图 7-81 | 图 7-82 |

| 图 7-83 | 图 7-84 |

（3）在"时间轴"面板中，用鼠标右键单击第 1 帧，在弹出的快捷菜单中选择"创建传统补间"命令。

创建"补间动画"后，"属性"面板中出现如下多个新的选项。

"缓动"选项：用于设定动作补间动画从开始到结束的运动速度。当选择"所有属性一起"时，所有属性的速度将被一起控制；当选择"单独每个属性"选项时，可以设置单个或多个属性的速度。其取值范围为 0 ~ 100。当选择正数时，运动速度呈减速度，即开始时速度快，然后速度逐渐减慢；当选择负数时，运动速度呈加速度，即开始时速度慢，然后速度逐渐加快。

"旋转"选项：用于设置对象在运动过程中的旋转样式和次数。其中包含 4 种样式，"无"表示在运动过程中不允许对象旋转；"自动"表示对象按快捷的路径进行旋转变化；"顺时针"表示对象在运动过程中按顺时针的方向进行旋转，可以在右边的"旋转数"项中设置旋转的次数；"逆时针"表示对象在运动过程中按逆时针的方向进行旋转，可以在右边的"旋转数"项中设置旋转的次数。

"贴紧"复选框：勾选此复选框，如果使用运动引导动画，则根据对象的中心点将其吸附到运动路径上。

"调整到路径"复选框：勾选此复选框，在运动引导动画（详见第 8 章）过程中，对象可以根据引导路径的曲线改变变化的方向。

"沿路径着色"复选框：勾选此复选框，对象在运动引导动画过程中，可以根据引导路径的曲线的颜色自动为对象着色。

"沿路径缩放"复选框：勾选此复选框，对象在运动引导动画过程中，可以在动画过程中可以改变比例。

"同步"复选框：勾选此复选框，如果对象是一个包含动画效果的图形组件实例，其动画和主时间轴同步。

"缩放"复选框：勾选此复选框，对象在动画过程中可以改变比例。

（4）在"时间轴"面板中，第 1 帧到第 10 帧之间出现蓝色的背景和黑色的箭头，表示生成传统补间动画，如图 7-85 所示。完成动作补间动画的制作，按 Enter 键进行播放，即可观看制作效果。

（5）如果想观察制作的动作补间动画中每 1 帧产生的不同效果，可以单击"时间轴"面板下方的"绘图纸外观"按钮，并将标记点的起始点设为第 1 帧，终止点设为第 10 帧，如图 7-86 所示。舞台中显示出在不同的帧中，图形位置的变化效果，如图 7-87 所示。

图 7-85

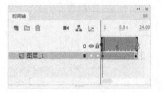
图 7-86

（6）如果在帧"属性"面板中，将"旋转"选项设为"顺时针"，如图 7-88 所示，那么在不同的帧中，图形位置的变化效果如图 7-89 所示。

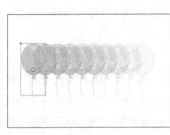
图 7-87

图 7-88

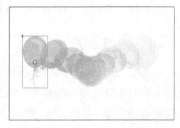
图 7-89

7.6.3　课堂案例——制作文字动画

案例学习目标

使用"创建传统补间"命令制作动画效果。

案例知识要点

使用文本工具，添加文字；使用"变形"面板，对文字进行水平倾斜和垂直倾斜；使用"分离"命令，将文字分离为独立体；使用"转换为元件"命令，将文字转换为元件；使用"创建传统补间"命令，制作文字动画。效果如图 7-90 所示。

扫码观看　　　扫码观看　　　扫码观看　　　扫码查看
本案例视频　　本案例视频　　本案例视频　　扩展案例

图 7-90

◎ 效果所在位置

云盘/Ch07/效果/制作文字动画. fla。

1. 新建文档并制作文字动画

（1）在欢迎页的"详细信息"选项组中，将"宽"项为设为 800，"高"项设为 600，"平台类型"选项的下拉列表中选择"ActionScript 3.0"选项，单击"创建"按钮，完成文档的创建。按 Ctrl+J 组合键，弹出"文档设置"对话框，将"舞台颜色"设为淡灰色（#CCCCCC），单击"确定"按钮，完成舞台颜色的修改。

（2）按 Ctrl+F8 组合键，弹出"创建新元件"对话框，在"名称"项的文本框中输入"文字动"，在"类型"选项下拉列表中选择"影片剪辑"选项，如图 7-91 所示。单击"确定"按钮，新建影片剪辑元件"文字动"，如图 7-92 所示。舞台窗口也随之转换为影片剪辑元件的舞台窗口。

（3）选择"文本"工具 T，在文本工具"属性"面板中进行设置，在舞台窗口中适当的位置输入大小为 84、字体为"方正兰亭粗黑简体"的白色文字，文字效果如图 7-93 所示。选择"选择"工具 ，在舞台窗口中选中文字，如图 7-94 所示。

图 7-91

图 7-92

图 7-93

图 7-94

（4）按 Ctrl+T 组合键，弹出"变形"面板，将"水平倾斜"项设为 10，"垂直倾斜"项设为-3°，如图 7-95 所示，效果如图 7-96 所示。

图 7-95 图 7-96

（5）保持文字的选中状态，按 Ctrl+C 组合键，复制文字。在工具箱中将"填充颜色"设为紫色（#B62BE3），效果如图 7-97 所示。按 Ctrl+Shift+V 组合键，将复制的文字原位粘贴到当前位置。按向上的方向键和向左的方向键多次，移动文字的位置，效果如图 7-98 所示。

图 7-97 图 7-98

（6）按 Ctrl+A 组合键，将舞台窗口中的文字全部选中，如图 7-99 所示。按 Ctrl+B 组合键，将文字打散，效果如图 7-100 所示。

（7）在舞台窗口中框选中需要的文字，如图 7-101 所示。按 F8 键，在弹出的"转换为元件"对话框中进行设置，如图 7-102 所示。单击"确定"按钮，将选中的文字转换为图形元件。用相同的方法将其他文字分别转换为图形元件。

图 7-99 图 7-100

图 7-101 图 7-102

（8）按 Ctrl+A 组合键，将舞台窗口中的实例全部选中，如图 7-103 所示。选择"修改 > 时间轴 > 分散到图层"命令，将选中的实例分散到独立层，"时间轴"面板如图 7-104 所示。将"图层_1"删除。

图 7-103

图 7-104

（9）在"时间轴"面板中选中所有图层的第 15 帧，如图 7-105 所示，按 F6 键，插入关键帧。用相同的方法在所有图层的第 25 帧插入关键帧，如图 7-106 所示。

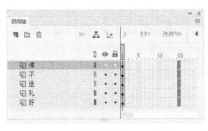

图 7-105

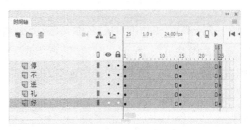

图 7-106

（10）将播放头拖曳到第 1 帧的位置，按住 Shift 键的同时，将舞台窗口中的所有实例选中。在图形"属性"面板中，选择"色彩效果"选项组，在"样式"选项下拉列表中选择"Alpha"选项，将"Alpha"数量设为 0，如图 7-107 所示。舞台窗口的效果如图 7-108 所示。

（11）将播放头拖曳到第 15 帧的位置，选择"选择"工具 ▶，在舞台窗口中选中所有实例，如图 7-109 所示，垂直向上拖曳到适当的位置，如图 7-110 所示。

图 7-107

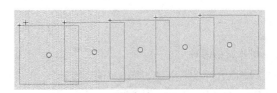

图 7-108

图 7-109

图 7-110

（12）分别用鼠标右键单击所有图层的第 1 帧，在弹出的快捷菜单中选择"创建传统补间"命令，生成传统补间动画，如图 7-111 所示。分别用鼠标右键单击所有图层的第 15 帧，在弹出的快捷菜单中选择"创建传统补间"命令，生成传统补间动画，如图 7-112 所示。

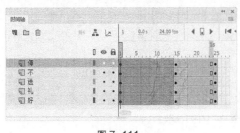

图 7-111　　　　　　　　　　图 7-112

（13）单击"礼"图层的图层名称，选中该层中的所有帧，将所有帧向后拖曳至与"好"图层隔 5 帧的位置，如图 7-113 所示。用同样的方法依次对其他图层进行操作，如图 7-114 所示。分别选中所有图层的第 120 帧，按 F5 键，在选中的帧上插入普通帧，如图 7-115 所示。

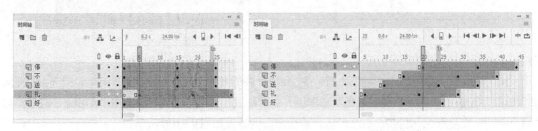

图 7-113　　　　　　　　　　图 7-114

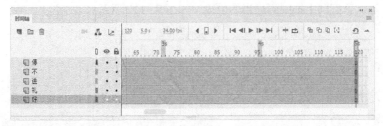

图 7-115

2. 制作图形元件

（1）按 Ctrl+F8 组合键，弹出"创建新元件"对话框。在"名称"项的文本框中输入"文字 1"，在"类型"选项下拉列表中选择"图形"选项，如图 7-116 所示。单击"确定"按钮，新建图形元件"文字 1"，如图 7-117 所示。舞台窗口也随之转换为图形元件的舞台窗口。

图 7-116

（2）选择"文本"工具 T，在文本工具"属性"面板中进行设置，在舞台窗口中适当的位置输入大小为 195、字体为"Impact"的白色数字，数字效果如图 7-118 所示。选择"选择"工具 ▶，在舞台窗口中选中文字，如图 7-119 所示。

图 7-117 图 7-118

（3）按 Ctrl+T 组合键，弹出"变形"面板，将"水平倾斜"项设为 10，"垂直倾斜"项设为-3°，如图 7-120 所示，效果如图 7-121 所示。

图 7-119 图 7-120 图 7-121

（4）在"时间轴"面板中用鼠标右键单击"图层_1"，在弹出的快捷菜单中选择"复制图层"命令，复制图层为"图层_1_复制"，如图 7-122 所示。保持文字的选取状态，按向下的方向键和向右的方向键多次，移动文字的位置，如图 7-123 所示。

图 7-122 图 7-123

（5）按两次 Ctrl+B 组合键，将文字打散，效果如图 7-124 所示。选择"窗口 > 颜色"命令，弹出"颜色"面板，单击"笔触颜色"按钮 ✏ ▇，将其设为无。单击"填充颜色"按钮 ◈ ☐，在"颜色类型"选项的下拉列表中选择"线性渐变"选项，在色带上将左边的颜色控制点设为淡绿色（#35EEE8），将右边的颜色控制点设为紫色（#D627EE），生成渐变色，如图 7-125 所示，效果如图 7-126 所示。

图 7-124　　　　　　图 7-125　　　　　　图 7-126

（6）选择"颜料桶"工具 ，从文字的下方向上拖曳鼠标，
调整渐变的过渡角度，如图 7-127 所示，效果如图 7-128 所示。

（7）在"时间轴"面板中将"图层_1_复制"图层拖曳到"图
层_1"的下方，效果如图 7-129 所示。用相同的方法制作图形元
件"文字"，效果如图 7-130 所示。

（8）按 Ctrl+F8 组合键，弹出"创建新元件"对话框。在"名
称"项的文本框中输入"文字 3"，在"类型"选项下拉列表中选择

图 7-127

"图形"选项。单击"确定"按钮，新建图形元件"文字 3"，如图 7-131 所示。舞台窗口也随之转换为
图形元件的舞台窗口。

图 7-128　　　　　　　图 7-129　　　　　　　图 7-130

（9）选择"文本"工具 ，在文本工具"属性"面板中进行设置，在舞台窗口中适当的位置输
入大小为 55、字体为"方正兰亭粗黑简体"的紫色（#BD01F1）文字，文字效果如图 7-132 所示。
选择"选择"工具 ，在舞台窗口中选中文字。

图 7-131

图 7-132

（10）按 Ctrl+T 组合键，弹出"变形"面板，将"水平倾斜"项设为 8，"垂直倾斜"项设为-5°，如图 7-133 所示，效果如图 7-134 所示。

图 7-133   图 7-134

（11）按 Ctrl+F8 组合键，弹出"创建新元件"对话框，在"名称"项的文本框中输入"矩形"，在"类型"选项下拉列表中选择"图形"选项。单击"确定"按钮，新建图形元件"矩形"。舞台窗口也随之转换为图形元件的舞台窗口。

（12）选择"基本矩形"工具 ▣，在基本矩形工具"属性"面板中，将"笔触颜色"设为无，"填充颜色"设为黄色（#FFEA00），在舞台窗口中绘制一个矩形，效果如图 7-135 所示。选择"选择"工具 ▶，在舞台窗口中选中矩形。在矩形图元"属性"面板中，将"宽"项设为 525，"高"项设为 99，"X"项和"Y"项均设为 0，效果如图 7-136 所示。

图 7-135   图 7-136

（13）保持矩形的选取状态，按 Ctrl+T 组合键，弹出"变形"面板，将"水平倾斜"项设为 10，"垂直倾斜"项设为-5°，如图 7-137 所示，效果如图 7-138 所示。

图 7-137   图 7-138

3. 制作场景动画

（1）单击舞台窗口左上方的"场景 1"图标 场景 1，进入"场景 1"的舞台窗口。在"时间轴"面板中创建新图层并将其命名为"底图"，如图 7-139 所示。按 Ctrl+R 组合键，在弹出的"导入"

对话框中，选择云盘中的"Ch07 > 素材 > 制作文字动画 > 01"文件。单击"打开"按钮，文件被导入到舞台窗口中，如图 7-140 所示。选中"底图"图层的第 120 帧，按 F5 键，插入普通帧。

图 7-139

图 7-140

（2）在"时间轴"面板中创建新图层并将其命名为"文字"。将"库"面板中的影片剪辑元件"文字动"拖曳到舞台窗口中，并放置在适当的位置，如图 7-141 所示。

（3）在"时间轴"面板中创建新图层并将其命名为"文字 1"。选中"文字 1"图层的第 25 帧，按 F6 键，插入关键帧。将"库"面板中的图形元件"文字 1"拖曳到舞台窗口中，并放置在适当的位置，如图 7-142 所示。

图 7-141

（4）在"时间轴"面板中创建新图层并将其命名为"文字 2"。选中"文字 2"图层的第 25 帧，按 F6 键，插入关键帧。将"库"面板中的图形元件"文字 2"拖曳到舞台窗口中，并放置在适当的位置，如图 7-143 所示。

（5）选中"文字 1"图层的第 40 帧，按 F6 键，插入关键帧。选中"文字 1"图层的第 25 帧，在舞台窗口中将"文字 1"实例水平向左拖曳到适当的位置，如图 7-144 所示。在图形"属性"面板中，选择"色彩效果"选项组，在"样式"选项下拉列表中选择"Alpha"选项，将"Alpha"数量设为 0，舞台窗口效果如图 7-145 所示。

（6）用鼠标右键单击"文字 1"图层的第 25 帧，在弹出的快捷菜单中选择"创建传统补间"命令，生成传统补间动画。

图 7-142

图 7-143

图 7-144

（7）选中"文字 2"图层的第 40 帧，按 F6 键，插入关键帧。选中"文字 2"图层的第 25 帧，在舞台窗口中将"文字 2"实例水平向右拖曳到适当的位置，如图 7-146 所示。在图形"属性"面板中，选择"色彩效果"选项组，在"样式"选项下拉列表中选择"Alpha"选项，将"Alpha"数量设为 0，舞台窗口效果如图 7-147 所示。

图 7-145　　　　　　　　　　图 7-146　　　　　　　　　　图 7-147

（8）用鼠标右键单击"文字 2"图层的第 25 帧，在弹出的快捷菜单中选择"创建传统补间"命令，生成传统补间动画。

（9）在"时间轴"面板中创建新图层并将其命名为"矩形"。选中"矩形"图层的第 40 帧，按 F6 键，插入关键帧。将"库"面板中的图形元件"矩形"拖曳到舞台窗口中，并放置在适当的位置，如图 7-148 所示。选中"矩形"图层的第 50 帧，按 F5 键，插入关键帧。

（10）选中"矩形"图层的第 40 帧，在舞台窗口中选中"矩形"实例，在图形"属性"面板中，选择"色彩效果"选项组，在"样式"选项下拉列表中选择"Alpha"选项，将"Alpha"数量设为 0，舞台窗口效果如图 7-149 所示。

图 7-148　　　　　　　　　　　　　图 7-149

（11）用鼠标右键单击"矩形"图层的第 40 帧，在弹出的快捷菜单中选择"创建传统补间"命令，生成传统补间动画。

（12）在"时间轴"面板中创建新图层并将其命名为"文字 3"。选中"文字 3"图层的第 50 帧，按 F6 键，插入关键帧。将"库"面板中的图形元件"文字 3"拖曳到舞台窗口中，并放置在适当的位置，如图 7-150 所示。选中"文字 3"图层的第 60 帧，按 F5 键，插入关键帧。

（13）选中"文字 3"图层的第 50 帧，在舞台窗口中选中"文字 3"实例。在图形"属性"面板中，选择"色彩效果"选项组，在"样式"选项下拉列表中选择"Alpha"选项，将"Alpha"数量设为 0，舞台窗口效果如图 7-151 所示。

图 7-150

（14）用鼠标右键单击"文字 3"图层的第 50 帧，在弹出的快捷菜单中选择"创建传统补间"命令，生成传统补间动画。文字动画制作完成，按 Ctrl+Enter 组合键即可查看效果，如图 7-152 所示。

图 7-151

图 7-152

7.7　测试动画

在制作完成动画后，要对其进行测试。测试动画有很多方法。下面我们就进行具体地讲解。

测试动画有以下几种方法。

（1）应用播放菜单命令

选择"控制 > 播放"命令，或按 Enter 键，可以对当前舞台中的动画进行浏览。在"时间轴"面板中，可以看见播放头在运动。随着播放头的运动，舞台中显示出播放头所经过的帧上的内容。

（2）应用测试影片菜单命令

选择"控制 > 测试"命令，或按 Ctrl+Enter 组合键，可以进入动画测试窗口，对动画作品的多个场景进行连续的测试。

（3）应用测试场景菜单命令

选择"控制 > 测试场景"命令，或按 Ctrl+Alt+Enter 组合键，可以进入动画测试窗口，测试当前舞台窗口中显示的场景或元件中的动画。

如果需要循环播放动画，可以选择"控制 > 循环播放"命令，再应用"播放"按钮或其他的测试命令即可。

7.8　课堂练习——制作微信公众号动态引导关注

🔗　练习知识要点

使用"打开"命令，打开素材文件；使用"创建元件"命令，制作图形元件和影片剪辑元件；使用"创建传统补间"命令，制作动画效果；使用"属性"面板，调整实创的透明度。效果如图 7-153 所示。

扫码观看　　　　扫码观看　　　　扫码观看
本案例视频　　　本案例视频　　　本案例视频

图 7-153

◎ 效果所在位置

云盘/Ch07/效果/制作微信公众号动态引导关注. fla。

7.9　课后习题——制作汉堡广告

◎ 习题知识要点

　　使用"导入到库"命令，导入素材制作图形元件；使用"变形"面板，改变实例图形大小；使用"创建传统补间"命令，创建传统补间动画；使用"属性"面板，改变实例图形的不透明度。效果如图 7-154 所示。

扫码观看
本案例视频

图 7-154

◎ 效果所在位置

云盘/Ch07/效果/制作汉堡广告. fla。

08

第 8 章
层与高级动画

层在 Animate CC 2019 中有着举足轻重的作用，用户只有掌握了层的概念并熟练应用不同性质的层，才有可能真正成为 Animate 高手。本章主要讲解层的应用技巧及如何使用不同性质的层来制作高级动画。通过学习这些内容，读者可以了解并掌握层的强大功能，并能充分利用好层来为动画作品增光添彩。

课堂学习目标

- ✔ 掌握层的基本操作
- ✔ 掌握引导层与运动引导层动画的制作方法
- ✔ 掌握遮罩层的使用方法和应用技巧
- ✔ 运用分散到图层功能编辑对象

8.1 层

在 Animate CC 2019 中，普通图层类似于叠加在一起的透明纸，下面图层中的内容可以通过上面图层中空白的区域透过来。一般来说，我们可以利用普通图层的透明特性分门别类地组织动画文件中的内容。例如将不动的背景画放置在一个图层上，而将运动的小鸟放置在另一个图层上。使用图层的另一好处是在一个图层上创建和编辑对象，不会影响其他图层中的对象。在"时间轴"面板中，图层分为普通层、引导层、运动引导层、被引导层、遮罩层、被遮罩层，它们的作用各不相同。

8.1.1 层的基本操作

1．层的弹出式菜单

用鼠标右键单击"时间轴"面板中的图层名称，弹出菜单，如图 8-1 所示。

"显示全部"命令：用于显示所有的隐藏图层和图层文件夹。

"锁定其他图层"命令：用于锁定除当前图层以外的所有图层。

"隐藏其他图层"命令：用于隐藏除当前图层以外的所有图层。

"显示其他透明图层"命令：用于显示除当前层以外的其他透明图层。

图 8-1

"插入图层"命令：用于在当前图层上创建一个新的图层。

"删除图层"命令：用于删除当前图层。

"剪切图层"命令：用于剪切当前层。

"拷贝图层"命令：用于复制当前层。

"粘贴图层"命令：用于粘贴剪切或复制的层。

"复制图层"命令：用于将当前层复制为副本。

"合并图层"命令：用于将选中的两个或两个以上的图层合并为一个层。

"引导层"命令：用于将当前图层转换为引导层。

"添加传统运动引导层"命令：用于将当前图层转换为运动引导层。

"遮罩层"命令：用于将当前图层转换为遮罩层。

"显示遮罩"命令：用于在舞台窗口中显示遮罩效果。

"插入文件夹"命令：用于在当前图层上创建一个新的层文件夹。

"删除文件夹"命令：用于删除当前的层文件夹。

"展开文件夹"命令：用于展开当前的层文件夹，显示出其包含的图层。

"折叠文件夹"命令：用于折叠当前的层文件夹。

"展开所有文件夹"命令：用于展开"时间轴"面板中所有的层文件夹，显示出所包含的图层。

"折叠所有文件夹"命令：用于折叠"时间轴"面板中所有的层文件夹。

"属性"命令：用于设置图层的属性。单击此命令，弹出"图层属性"对话框，如图 8-2 所示。

"名称"项：用于设置图层的名称。

"锁定"复选框：勾选此复选框，将锁定该图层，否
则将解锁。

"链接至摄像头"复选框：勾选此复选框，可以将该
层链接至摄像头图层。

"可见性"选项：用于设置层的可见性。

"类型"选项：用于设置图层的类型。

"轮廓颜色"选项：用于设置对象呈轮廓显示时，轮
廓线所使用的颜色。

"图层高度"选项：用于设置图层在"时间轴"面板
中显示的高度。

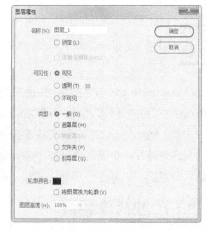

图 8-2

2. 创建图层

为了分门别类地组织动画内容，需要创建普通图层，我们可以应用不同的方法进行图层的创建。

（1）在"时间轴"面板下方单击"新建图层"按钮 ，创建一个新的图层。

（2）选择"插入 > 时间轴 > 图层"命令，创建一个新的图层。

（3）用鼠标右键单击"时间轴"面板的层编辑区，在弹出的快捷菜单中选择"插入图层"命令，
创建一个新的图层。

系统默认状态下，新创建的图层按"图层_1""图层_2"……的顺序进行命名，用户也
可以根据需要自行设定图层的名称。

3. 选取图层

选取图层就是将图层变为当前图层。用户可以在当前层上放置对象、添加文本和对图形进行编辑。
要使图层成为当前图层的方法很简单，在"时间轴"面板中选中该图层即可。当前图层会在"时间轴"
面板中以浅蓝色显示，可以对该图层进行编辑，如图 8-3 所示。

按住 Ctrl 键的同时，用鼠标在要选择的图层上单击，可以一次选择多个图层，如图 8-4 所示。
按住 Shift 键的同时，用鼠标单击两个图层，在这两个图层中间的其他图层也会被同时选中，如图 8-5
所示。

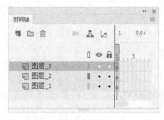

图 8-3

图 8-4

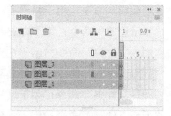

图 8-5

4. 排列图层

在制作过程中，我们可以根据需要，在"时间轴"面板中为图层重新排列顺序。

在"时间轴"面板中选中"图层_4",如图 8-6 所示。按住鼠标不放,将"图层_4"向下拖曳,这时会出现一条实线,如图 8-7 所示,将实线拖曳到"图层_3"的下方,松开鼠标,"图层_4"移动到"图层_3"的下方,如图 8-8 所示。

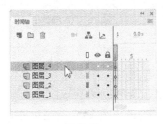
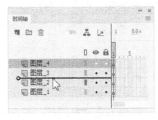
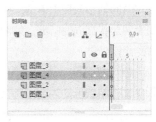

图 8-6　　　　　　　　图 8-7　　　　　　　　图 8-8

5. 复制、粘贴图层

根据需要,我们还可以将图层中的所有对象复制,粘贴到其他图层或场景中。

在"时间轴"面板中单击要复制的图层,如图 8-9 所示,选择"编辑 > 时间轴 > 复制帧"命令,或按 Ctrl+Alt+C 组合键,进行复制。在"时间轴"面板下方单击"新建图层"按钮 ,创建一个新的图层,如图 8-10 所示。选择"编辑 > 时间轴 > 粘贴帧"命令,或按 Ctrl+Alt+V 组合键,在新建的图层中粘贴复制的内容,如图 8-11 所示。

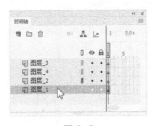
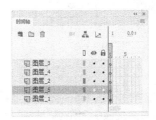
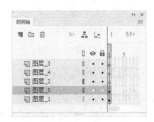

图 8-9　　　　　　　　图 8-10　　　　　　　　图 8-11

6. 删除图层

如果某个图层不再需要,可以将其删除。删除图层有以下几种方法。

(1)在"时间轴"面板中选中要删除的图层,在面板下方单击"删除"按钮 ,即可删除选中图层,如图 8-12 所示。

(2)在"时间轴"面板中选中要删除的图层,按住鼠标不放,将其向上拖曳,这时会出现实线,将实线拖曳到"删除"按钮 上进行删除,如图 8-13 所示。

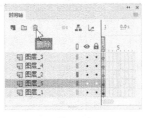
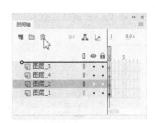

图 8-12　　　　　　　　图 8-13

(3)用鼠标右键单击要删除的图层,在弹出的菜单中选择"删除图层"命令,可将该图层删除。

7. 隐藏、锁定图层和图层的线框显示模式

(1)隐藏图层

用 Animate 制作出的动画经常是多个图层叠加在一起的,为了便于观察某个图层中对象的效果,可以把其他的图层先隐藏起来。

在"时间轴"面板中单击"显示或隐藏所有图层"按钮 👁 下方的
小黑圆点，那么小黑圆点所在的图层就被隐藏，在该图层上显示出一
个叉号图标 ✕，如图 8-14 所示。此时图层将不能被编辑。

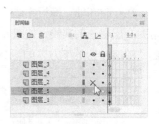

图 8-14

在"时间轴"面板中单击"显示或隐藏所有图层"按钮 👁，面板
中的所有图层将被同时隐藏，如图 8-15 所示。再单击一下此按钮，
即可解除隐藏。

（2）锁定图层

如果某个图层上的内容已符合要求，则可以锁定该图层，以避免内容被意外更改。

在"时间轴"面板中单击"锁定或解除锁定所有图层"按钮 🔒 下方的小黑圆点，那么小黑圆点所
在的图层就被锁定，在该图层上显示出一个锁状图标 🔒，如图 8-16 所示。此时图层将不能被编辑。

在"时间轴"面板中单击"锁定或解除锁定所有图层"按钮 🔒，面板中的所有图层将被同时锁定，
如图 8-17 所示。再单击一下此按钮，即可解除锁定。

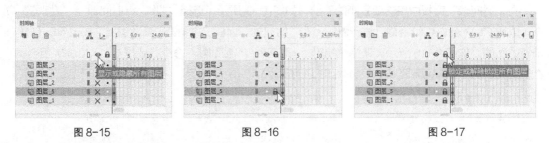

图 8-15   图 8-16   图 8-17

（3）图层的线框显示模式

为了便于观察图层中的对象，可以将对象以线框的模式进行显示。

在"时间轴"面板中单击"将所有图层显示为轮廓"按钮 ⬜ 下方的实色正方形，那么实色正方形
所在图层中的对象就呈线框模式显示，在该图层上实色正方形变为线框图标 ⬜，如图 8-18 所示。此
时并不影响编辑图层。

在"时间轴"面板中单击"将所有图层显示为轮廓"按钮 ⬜，面板中的所有图层将被同时以线框
模式显示，如图 8-19 所示。再单击一下此按钮，即可回到普通模式。

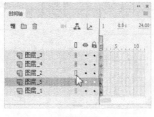
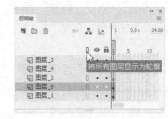

图 8-18   图 8-19

8. 重命名图层

如果需要更改图层的名称，可以使用以下几种方法。

（1）双击"时间轴"面板中的图层名称，名称变为可编辑状态，如图 8-20 所示，输入要更改的
图层名称，如图 8-21 所示，在图层旁边单击鼠标，或按 Enter 键，完成图层名称的修改，如图 8-22
所示。

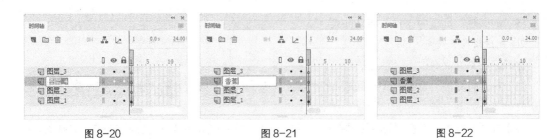

图 8-20　　　　　　　　　图 8-21　　　　　　　　　图 8-22

（2）选中要修改名称的图层，选择"修改 > 时间轴 > 图层属性"命令，弹出"图层属性"对话框，如图 8-23 所示。在"名称"项的文本框中可以重新设置图层的名称，如图 8-24 所示。单击"确定"按钮，完成图层名称的修改。

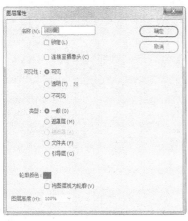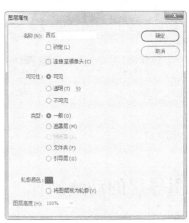

图 8-23　　　　　　　　　　　　　　　　图 8-24

还可用鼠标右键单击要修改名称的图层，在弹出的快捷菜单中选择"属性"命令，弹出"图层属性"对话框进行修改。

8.1.2　图层文件夹

我们可以在"时间轴"面板中创建图层文件夹来组织和管理图层，这样"时间轴"面板中图层的层次结构将非常清晰。

1. 创建图层文件夹

创建图层文件夹有以下几种方法。

（1）单击"时间轴"面板上方的"新建文件夹"按钮，在"时间轴"面板中创建图层文件夹，如图 8-25 所示。

（2）选择"插入 > 时间轴 > 图层文件夹"命令，在"时间轴"面板中创建图层文件夹，如图 8-26 所示。

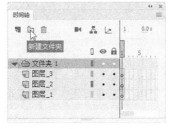

图 8-25　　　　　　　　　图 8-26

（3）用鼠标右键单击"时间轴"面板中的任意图层，在弹出的快捷菜单中选择"插入文件夹"命令，在"时间轴"面板中创建图层文件夹。

2. 删除图层文件夹

删除图层文件夹有以下几种方法。

（1）在"时间轴"面板中选中要删除的图层文件夹，单击面板上方的"删除"按钮 🗑，即可删除图层文件夹，如图 8-27 所示。

（2）在"时间轴"面板中选中要删除的图层文件夹，按住鼠标不放，将其向上拖曳，这时会出现实线，将实线拖曳到"删除"按钮 🗑 上进行删除，如图 8-28 所示。

（3）用鼠标右键单击要删除的图层文件夹，在弹出的菜单中选择"删除文件夹"命令，将图层文件夹删除，如图 8-29 所示。

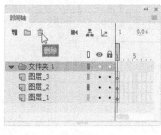
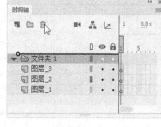
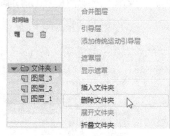

图 8-27　　　　　　　　　　　　图 8-28　　　　　　　　　　　　图 8-29

8.2　引导层的动画制作

除了普通图层外，还有一种特殊类型的图层——引导层。在引导层中，我们可以像在普通图层一样绘制各种图形和引入元件等。但最终发布时引导层中的对象不会显示出来。引导层按照功能又可以分为两种，即普通引导层和运动引导层。

8.2.1　普通引导层

1. 创建普通引导层

用鼠标右键单击"时间轴"面板中的某个图层，在弹出的快捷菜单中选择"引导层"命令，如图 8-30 所示，图层转换为普通引导层，此时图层前面的图标变为 🔨，如图 8-31 所示。

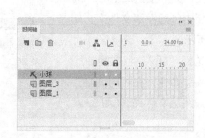

图 8-30　　　　　　　　　　　　　　　　图 8-31

2. 将引导层转换为普通图层

用鼠标右键单击"时间轴"面板中的引导层，在弹出的菜单中选择"引导层"命令，如图 8-32 所示，引导层转换为普通图层，此时图层前面的图标变为 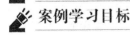 ，如图 8-33 所示。

图 8-32

图 8-33

8.2.2 运动引导层

1. 创建运动引导层

选中要添加运动引导层的图层，单击鼠标右键，在弹出的菜单中选择"添加传统运动引导层"命令，如图 8-34 所示，为图层添加运动引导层。此时，引导层前面出现图标 ，如图 8-35 所示。

图 8-34

图 8-35

2. 将运动引导层转换为普通图层

将运动引导层转换为普通图层的方法与普通引导层转换的方法一样，这里不再赘述。

8.2.3 课堂案例——制作飘落的叶子动画

案例学习目标

使用运动引导层制作引导层动画效果。

案例知识要点

使用"添加传统运动引导层"命令，添加引导层；使用"创建传统补间"命令，制作传统补间动画；使用铅笔工具，绘制运动路线。效果如图 8-36 所示。

扫码观看
本案例视频

扫码查看
扩展案例

图 8-36

效果所在位置

云盘/Ch08/效果/制作飘落的叶子动画. fla。

1. 导入素材制作图形元件

（1）在欢迎页的"详细信息"选项组中，将"宽"项设为 1920，"高"项设为 600，"平台类型"选项的下拉列表中选择"ActionScript 3.0"选项，单击"创建"按钮，完成文档的创建。

（2）选择"文件 > 导入 > 导入到库"命令，在弹出的"导入到库"对话框中，选择云盘中的"Ch08 > 素材 > 制作飘落的叶子动画 > 01～05"文件。单击"打开"按钮，将文件导入到"库"面板中，如图 8-37 所示。

（3）按 Ctrl+F8 组合键，弹出"创建新元件"对话框。在"名称"项的文本框中输入"叶子 1"，在"类型"选项的下拉列表中选择"图形"选项，单击"确定"按钮，新建图形元件"叶子 1"，如图 8-38 所示。舞台窗口也随之转换为图形元件的舞台窗口。将"库"面板中的位图"02"拖曳到舞台窗口中，并放置在适当的位置，如图 8-39 所示。

（4）用相同的方法将"库"面板中的位图"03""04"和"05"文件，分别制作成图形元件"叶子 2""叶子 3"和"叶子 4"，如图 8-40 所示。

图 8-37

图 8-38

图 8-39

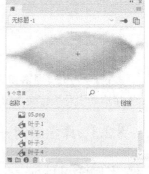
图 8-40

2. 制作影片剪辑元件

（1）按 Ctrl+F8 组合键，弹出"创建新元件"对话框，在"名称"项的文本框中输入"叶子 1 动"，在"类型"选项的下拉列表中选择"影片剪辑"选项，如图 8-41 所示。单击"确定"按钮，新建影片剪辑元件"叶子 1 动"。舞台窗口也随之转换为影片剪辑元件的舞台窗口。

（2）在"图层_1"上单击鼠标右键，在弹出的快捷菜单中选择"添加传统运动引导层"命令，为"图层_1"添加运动引导层，如图 8-42 所示。

图 8-41   图 8-42

（3）选择"铅笔"工具 ，在工具箱中将"笔触颜色"设为红色（#FF0000）。单击工具箱下方的"铅笔模式"按钮，在弹出的列表中选择"平滑"选项 。选中引导层的第 1 帧，在舞台窗口中绘制出一条曲线，如图 8-43 所示。选中引导层的第 40 帧，按 F5 键，插入普通帧，如图 8-44 所示。

图 8-43   图 8-44

（4）选中"图层_1"的第 1 帧，将"库"面板中的图形元件"叶子 1"拖曳到舞台窗口中，并将其放置在曲线上方的端点上，效果如图 8-45 所示。

（5）选中"图层_1"的第 40 帧，按 F6 键，插入关键帧，如图 8-46 所示。选择"选择"工具 ，在舞台窗口中将"叶子 1"实例拖曳到曲线下方的端点上，效果如图 8-47 所示。

图 8-45   图 8-46   图 8-47

（6）用鼠标右键单击"图层_1"的第 1 帧，在弹出的快捷菜单中选择"创建传统补间"命令，在第 1 帧和第 40 帧之间生成动作补间动画，如图 8-48 所示。在帧"属性"面板中，勾选"补间"选项组中的"调整到路径"复选框，如图 8-49 所示。

（7）用上述的方法为图形元件"叶子2""叶子3"和"叶子4"分别制作影片剪辑元件"叶子2动""叶子3动"和"叶子4动"，如图8-50所示。

图 8-48

（8）按Ctrl+F8组合键，弹出"创建新元件"对话框，在"名称"项的文本框中输入"一起动"，在"类型"选项的下拉列表中选择"影片剪辑"选项。单击"确定"按钮，新建影片剪辑元件"一起动"，如图8-51所示。舞台窗口也随之转换为影片剪辑元件的舞台窗口。

图 8-49

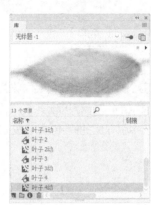

图 8-50

图 8-51

（9）分别将"库"面板中的影片剪辑元件"叶子1动"和"叶子4动"拖曳到舞台窗口中，并放置在适当的位置，如图8-52所示。选中"图层_1"的第40帧，按F5键，插入普通帧。

图 8-52

（10）单击"时间轴"面板上方的"新建图层"按钮，新建"图层_2"。选中"图层_2"的第10帧，按F6键，插入关键帧。分别将"库"面板中的影片剪辑元件"叶子2动"和"叶子3动"向舞台窗口中拖曳两次，并放置在适当的位置，如图8-53所示。选中"图层_2"的第50帧，按F5键，插入普通帧。

图 8-53

（11）单击"时间轴"面板上方的"新建图层"按钮，新建"图层_3"。选中"图层_3"的第20帧，按F6键，插入关键帧。分别将"库"面板中的影片剪辑元件"叶子3动"和"叶子1动"拖曳到舞台窗口中，并放置在适当的位置，如图8-54所示。选中"图层_3"的第60帧，按F5键，插入普通帧。

图 8-54

（12）单击"时间轴"面板上方的"新建图层"按钮，新建"图层_4"。选中"图层_4"的第 30 帧，按 F6 键，插入关键帧。将"库"面板中的影片剪辑元件"叶子 4 动"向舞台窗口中拖曳 3 次，并放置在适当的位置，如图 8-55 所示。选中"图层_4"的第 70 帧，按 F5 键，插入普通帧。

图 8-55

（13）单击舞台窗口左上方的"场景 1"图标 场景 1，进入"场景 1"的舞台窗口。将"图层_1"重命名为"底图"。将"库"面板中的位图"01"文件拖曳到舞台窗口中，如图 8-56 所示。

（14）在"时间轴"面板中创建新图层并将其命名为"叶子"。将"库"面板中的影片剪辑元件"一起动"拖曳到舞台窗口中，并放置在适当的位置，如图 8-57 所示。

图 8-56

图 8-57

（15）飘落的叶子动画制作完成，按 Ctrl+Enter 组合键即可查看效果，如图 8-58 所示。

图 8-58

8.3 遮罩层

除了普通图层和引导层外，还有一种特殊的图层——遮罩层，通过遮罩层可以创建类似探照灯的特殊动画效果。遮罩层就像一块不透明的板，如果想看到它下面的图像，只能在板上挖洞。而遮罩层中有对象的地方就可以看成是洞，通过这个"洞"，遮罩层中的对象才能显示出来。

1. 创建遮罩层

在"时间轴"面板中，用鼠标右键单击要转换为遮罩层的图层，在弹出的快捷菜单中选择"遮罩层"命令，如图 8-59 所示。选中的图层转换为遮罩层，其下方的图层自动转换为被遮罩层，并且它们都自动被锁定，如图 8-60 所示。

提示

如果想解除遮罩，只需单击"时间轴"面板上遮罩层或被遮罩层上的图标 🔒，将其解锁即可。

图 8-59

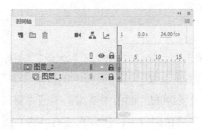

图 8-60

提示

遮罩层中的对象可以是图形、文字、元件的实例等。一个遮罩层可以作为多个图层的遮罩层，如果要将一个普通图层变为某个遮罩层的被遮罩层，只需将此图层拖曳至遮罩层下方即可。

2. 将遮罩层转换为普通图层

在"时间轴"面板中，用鼠标右键单击要转换的遮罩层，在弹出的菜单中选择"遮罩层"命令，如图 8-61 所示，遮罩层转换为普通图层，如图 8-62 所示。

图 8-61

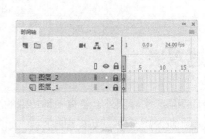

图 8-62

提示

遮罩层不显示位图、渐变色、透明色和线条。

8.4 分散到图层

　　应用分散到图层命令，可以将同一图层上的多个对象分配到不同的图层中并为图层命名。如果对象是元件或位图，那么新图层的名字将按其原有的名字命名。

　　新建空白文档，选择"文本"工具 T，在"图层 1"的舞台窗口中输入英文"Animate"，如图 8-63 所示。选择"选择"工具 ▶，选中文字，按 Ctrl+B 组合键，将英文打散，如图 8-64 所示。

　　选择"修改 > 时间轴 > 分散到图层"命令，或按 Ctrl+Shift+D 组合键，将"图层 1"中的英文分散到不同的图层中并按文字设定图层名，如图 8-65 所示。

图 8-63

图 8-64

图 8-65

提示

文字分散到不同的图层中后，"图层_1"中就没有任何对象了。

8.5 课堂练习——制作手表宣传图

🔗 练习知识要点

　　使用矩形工具，绘制矩形块；使用"创建形状补间"命令，制作形状动画效果；使用"遮罩层"命令，制作遮罩动画效果。效果如图 8-66 所示。

扫码观看
本案例视频

图 8-66

 效果所在位置

云盘/Ch08/效果/制作手表宣传图.fla。

8.6 课后习题——制作飞行小飞机

习题知识要点

　　使用"导入到库"命令和"新建元件"命令，导入素材并制作图形元件；使用钢笔工具，绘制路径制作引导线；使用"创建传统补间"命令，制作小飞机运动效果；使用"引导层"命令，制作小飞机沿路径运动效果，使用任意变形工具，旋转图形角度。效果如图 8-67 所示。

扫码观看
本案例视频

图 8-67

 效果所在位置

云盘/Ch08/效果/制作飞行小飞机.fla。

09

第9章
声音的导入和编辑

在 Animate CC 2019 中可以导入外部的声音素材作为动画的背景音乐或音效。本章主要讲解声音素材的多种格式，以及导入声音和编辑声音的方法。通过学习这些内容，读者可以了解并掌握如何导入声音、编辑声音，从而使制作的动画音效更加生动。

课堂学习目标

✔ 掌握导入声音素材的方法和技巧
✔ 掌握编辑声音素材的方法和技巧

9.1 音频的基本知识及声音素材的格式

在自然界中，声音以波的形式在空气中传播。声音的频率单位是赫兹（Hz），一般人听到的声音频率在 20 Hz～20 kHz 之间，低于这个频率范围的声音为次声波，高于这个频率范围的声音为超声波。下面我们来介绍一下关于音频的基本知识。

9.1.1 音频的基本知识

1. 取样率

取样率是指在进行数字录音时，单位时间内对模拟的音频信号进行提取样本的次数。取样率越高，声音越好。Animate 经常使用 44 kHz、22 kHz 或 11 kHz 的取样率对声音进行取样。例如：使用 22 kHz 取样率取样的声音，每秒钟要对声音进行 22 000 次分析，并记录每两次分析之间的差值。

2. 位分辨率

位分辨率是指描述每个音频取样点的比特位数。例如：8 位的声音取样表示 2 的 8 次方或 256 级。可以将较高位分辨率的声音转换为较低位分辨率的声音。

3. 压缩率

压缩率是指文件压缩前后大小的比率，用于描述数字声音的压缩效率。

9.1.2 声音素材的格式

Animate CC 2019 提供了许多使用声音的方式，它可以使声音独立于时间轴连续播放，或使动画和一个音轨同步播放；可以向按钮添加声音，使按钮具有更强的互动性；还可以通过声音淡入淡出产生更优美的声音效果。下面我们介绍可导入 Animate 中的常见的声音文件格式。

➡ WAV 格式。

WAV 格式可以直接保存对声音波形的取样数据，数据没有经过压缩，所以音质较好，但 WAV格式的声音文件通常体积比较大，会占用较多的磁盘空间。

➡ MP3 格式。

MP3 格式是一种压缩的声音文件格式。同 WAV 格式相比，MP3 格式的文件大小通常只有 WAV格式的十分之一。其优点为体积小、传输方便、声音质量较好，因此已经作为计算机和网络的主要音乐格式被广泛使用。

➡ AIFF 格式。

AIFF 格式支持 MAC 平台，支持 16 bit 44 kHz 立体声。只有系统上安装了 QuickTime 4 或更高版本，才可使用此声音文件格式。

➡ AU 格式。

AU 格式是一种压缩声音文件格式，只支持 8 位的声音，是互联网上常用的声音文件格式。只有系统上安装了 QuickTime 4 或更高版本，才可使用此声音文件格式。

声音要占用大量的磁盘空间和内存，所以，为提高作品在网上的下载速度，常使用 MP3 声音文件格式，因为它的声音资料经过了压缩，比 WAV 或 AIFF 格式的文件量小。在 Animate 中只能导入取样率为 11 kHz、22 kHz 或 44 kHz，8 位或 16 位的声音。通常，为了作品在网上有较满意的下载速度而使用 WAV 或 AIFF 文件时，最好使用 16 位 22 kHz 单声。

9.2 导入并编辑声音素材

导入声音素材后，可以将其直接应用到动画作品中，也可以通过声音编辑器对其进行编辑，然后再进行应用。

9.2.1 添加声音

1. 为动画添加声音

选择"文件 > 打开"命令，弹出"打开"对话框。在对话框中选择云盘中的"基础素材 > Ch09 > 01"文件，单击"打开"按钮，将文件打开，如图 9-1 所示。选择"文件 > 导入 > 导入到库"命令，在"导入到库"对话框中，选择云盘中的"基础素材 > Ch09 > 02"文件。单击"打开"按钮，将声音文件导入到"库"面板中，如图 9-2 所示。

创建新图层并将其命名为"声音"，作为放置声音文件的图层。在"库"面板中选中声音文件"02"，按住鼠标不放，将其拖曳到舞台窗口中，如图 9-3 所示。

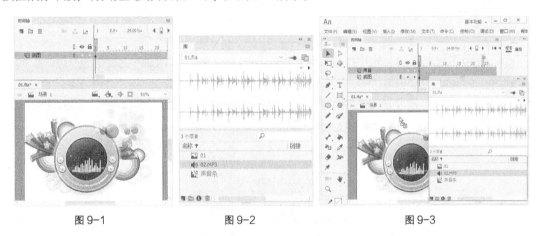

图 9-1　　　　　　图 9-2　　　　　　图 9-3

松开鼠标，在"声音"图层中出现声音文件的波形，如图 9-4 所示。声音添加完成，按 Ctrl+Enter 组合键，可以测试添加效果。

图 9-4

> 一般情况下，建议将每个声音放在一个独立的层上，使每个层都作为一个独立的声音通道，这样在播放动画文件时，所有层上的声音就混合在一起了。

2. 为按钮添加音效

选择"文件 > 打开"命令，在弹出的"打开"对话框中，选择云盘中的"基础素材 > Ch09 > 03"文件，单击"打开"按钮，将文件打开。在"库"面板中双击按钮元件"滑动按钮"，进入按钮元件"滑动按钮"的舞台编辑窗口，如图 9-5 所示。选择创建新图层并将其命名为"音乐"，作为放置声音文件的图层，如图 9-6 所示。

图 9-5

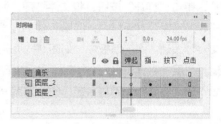

图 9-6

选中"音乐"图层的"指针经过"帧，按 F6 键，如图 9-7 所示。将"库"面板中的声音文件"01"拖曳到按钮元件的舞台编辑窗口中，如图 9-8 所示。松开鼠标，在"指针经过"帧中出现声音文件的波形，如图 9-9 所示，这表示动画开始播放后，当鼠标指针经过按钮时，按钮将响应音效。按钮音效添加完成，按 Ctrl+Enter 组合键，可以测试添加效果。

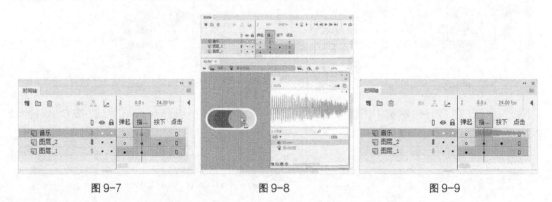

图 9-7　　　　　　　　　　图 9-8　　　　　　　　　　图 9-9

9.2.2 "属性"面板

在"时间轴"面板中选中声音文件所在图层的第 1 帧，按 Ctrl+F3 组合键，弹出帧"属性"面板，如图 9-10 所示，其中"声音"一栏的各选项含义如下。

"名称"选项：可以在此选项的下拉列表中选择"库"面板中的声音文件。

"效果"选项：可以在此选项的下拉列表中选择声音播放的效果，如图 9-11 所示。其中各选项的含义如下。

图 9-10

➡ "无"选项：选择此选项，将不对声音文件应用效果。选择此选项后可以删除以前应用于声音的特效。

➡ "左声道"选项：选择此选项，只在左声道播放声音。

➡ "右声道"选项：选择此选项，只在右声道播放声音。

➡ "向右淡出"选项：选择此选项，声音从左声道渐变到右声道。

➡ "向左淡出"选项：选择此选项，声音从右声道渐变到左声道。

➡ "淡入"选项：选择此选项，在声音的持续时间内逐渐增加其音量。

➡ "淡出"选项：选择此选项，在声音的持续时间内逐渐减小其音量。

➡ "自定义"选项：选择此选项，弹出"编辑封套"对话框。用户可通过自定义声音的淡入和淡出点，创建自己的声音效果。

"同步"选项：此选项用于选择何时播放声音，下拉列表如图 9-12 所示，其中各选项的含义如下。

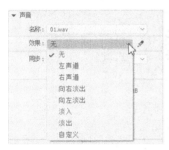

图 9-11

图 9-12

➡ "事件"选项：将声音和发生的事件同步播放。事件声音在它的起始关键帧开始显示时播放，并独立于时间轴播放完整个声音，即使影片文件停止也继续播放。当播放发布的 SWF 影片文件时，事件声音混合在一起。一般情况下，当用户单击一个按钮播放声音时应选择事件声音。如果事件声音正在播放，而声音再次被实例化（如用户再次单击按钮），则第一个声音实例继续播放，另一个声音实例同时开始播放。

➡ "开始"选项：与"事件"选项的功能相近，但如果所选择的声音实例已经在时间轴的其他地方播放，则不会播放新的声音实例。

➡ "停止"选项：使指定的声音静音。在时间轴上同时播放多个声音时，可指定其中一个为静音。

➡ "数据流"选项：使声音同步，以便在 Web 站点上播放。Animate 强制动画和音频流同步。换句话说，音频流随动画的播放而播放，随动画的结束而结束。当发布 SWF 文件时，音频流混合在一起。一般给帧添加声音时使用此选项。音频流声音的播放长度不会超过它所占帧的长度。

提示

在 Animate 中有两种类型的声音：事件声音和音频流。事件声音必须完全下载后才能开始播放，并且除非明确停止，否则它将一直连续播放；音频流则可以在前几帧下载了足够的资料后就开始播放。音频流可以和时间轴同步，以便在 Web 站点上播放。

➡ "重复"选项：用于指定声音循环的次数。可以在选项后的数值框中设置循环次数。

➡ "循环"选项：用于循环播放声音。一般情况下，不循环播放音频流。如果将音频流设为循环播放，帧就会添加到文件中，文件的大小就会根据声音循环播放的次数而倍增。

"编辑声音封套"按钮 ✎：选择此选项，弹出"编辑封套"对话框，用户可通过自定义声音的淡入和淡出点，创建自己的声音效果。

9.2.3　课堂案例——制作游戏界面

案例学习目标

使用声音文件为按钮添加音效。

案例知识要点

使用"新建元件"命令，制作图形元件和按钮元件；使用"属性"面板，调整实例的颜色；使用"导入到库"命令，导入素材文件。效果如图 9-13 所示。

扫码观看　　扫码查看
本案例视频　扩展案例

图 9-13

效果所在位置

云盘/Ch09/效果/制作游戏界面.fla。

（1）在欢迎页的"详细信息"选项组中，将"宽"项设为 1334，"高"项设为 750，"平台类型"选项的下拉列表中选择"ActionScript 3.0"选项，单击"创建"按钮，完成文档的创建。

（2）选择"文件 > 导入 > 导入到库"命令，在弹出的"导入到库"对话框中，选择云盘中的"Ch09 > 素材 > 制作游戏界面 > 01~04"文件。单击"打开"按钮，文件被导入到"库"面板中，如图 9-14 所示。

（3）按 Ctrl+F8 组合键，弹出"创建新元件"对话框。在"名称"项的文本框中输入"播放"，在"类型"选项下拉列表中选择"图形"选项，单击"确定"按钮，新建图形元件"播放"，如图 9-15 所示。舞台窗口也随之转换为图形元件的舞台窗口。将"库"面板中的位图"02"拖曳到舞台窗口中，并放置在适当的位置，如图 9-16 所示。

（4）用相同的方法将位图"03"制作成图形元件"设置"，如图 9-17 所示。按 Ctrl+F8 组合键，弹出"创建新元件"对话框，在"名称"项的文本框中输入"播放按钮"，在"类型"选项下拉列表中选择"按钮"选项，单击"确定"按钮，新建按钮元件"播放按钮"，如图 9-18 所示。舞台窗口也随之转换为按钮元件的舞台窗口。将"库"面板中的图形元件"播放"拖曳到舞台窗口中，并放置在适当的位置，如图 9-19 所示。

图 9-14   图 9-15   图 9-16

图 9-17   图 9-18   图 9-19

（5）选中"图层_1"的"指针经过"帧，按 F6 键，插入关键帧。选择"选择"工具 ，在舞台窗口中选中"播放"实例。在图形"属性"面板中，选择"色彩效果"选项组，在"样式"选项下拉列表中选择"高级"选项，选项的设置如图 9-20 所示。舞台窗口中的效果如图 9-21 所示。

图 9-20   图 9-21

（6）在"时间轴"面板中创建新图层"图层_2"。选中"图层_2"的"指针经过"帧，按 F6 键，插入关键帧。将"库"面板中的声音文件"04"拖曳到舞台窗口中，"时间轴"面板如图 9-22 所示。

（7）按 Ctrl+F8 组合键，弹出"创建新元件"对话框，在"名称"项的文本框中输入"设置按钮"，在"类型"选项下拉列表中选择"按钮"选项，单击"确定"按钮，新建按钮元件"设置按钮"。舞台窗口也随之转换为按钮元件的舞台窗口。将"库"面板中的图形元件"设置"拖曳到舞台窗口中，并放置在适当的位置，如图 9-23 所示。

（8）选中"图层_1"的"指针经过"帧，按 F6 键，插入关键帧。在舞台窗口中选中"设置"实例。在图形"属性"面板中，选择"色彩效果"选项组，在"样式"选项下拉列表中选择"高级"选项，选项的设置如图 9-24 所示。舞台窗口中的效果如图 9-25 所示。

（9）在"时间轴"面板中创建新图层"图层_2"。选中"图层_2"的"指针经过"帧，按 F6 键，插入关键帧。将"库"面板中的声音文件"04"拖曳到舞台窗口中。

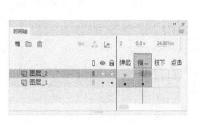

图 9-22　　　　　　　　图 9-23　　　　　　　　图 9-24　　　　　　　　图 9-25

（10）单击舞台窗口左上方的"场景 1"图标 ⬚ 场景 1，进入"场景 1"的舞台窗口。将"图层_1"重命名为"底图"。将"库"面板中的位图"01"拖曳到舞台窗口的中心位置，如图 9-26 所示。

（11）在"时间轴"面板中创建新图层并将其命名为"按钮"。分别将"库"面板中的按钮元件"播放按钮"和"设置按钮"拖曳到舞台窗口中，并放置在适当的位置，如图 9-27 所示。游戏界面制作完成，按 Ctrl+Enter 组合键即可查看效果。

图 9-26　　　　　　　　　　　　　　　　图 9-27

9.3　课堂练习——制作汽车广告

🔗 练习知识要点

使用"导入到库"命令和"新建元件"命令，导入素材并制作图形元件；使用"创建传统补间"命令，制作文字和汽车动画；使用"属性"面板，调整实例的不透明度；使用"导入到库"命令，添加声音效果。效果如图 9-28 所示。

扫码观看
本案例视频

图 9-28

 效果所在位置

云盘/Ch09/效果/制作汽车广告.fla。

9.4 课后习题——制作音乐贺卡

习题知识要点

使用"导入到库"命令和"新建元件"命令，导入素材并制作图形元件；使用"创建传统补间"命令，制作动画效果；使用"导入到库"命令，添加声音。效果如图 9-29 所示。

扫码观看
本案例视频

图 9-29

效果所在位置

云盘/Ch09/效果/制作音乐贺卡.fla。

10

第 10 章
动作脚本应用基础

在 Animate CC 2019 中，要实现一些复杂多变的动画效果就要使用动作脚本，可以通过输入不同的动作脚本来实现高难度的动画制作。本章主要讲解动作脚本的基本术语和使用方法。通过学习这些内容，读者可以了解并掌握如何应用不同的动作脚本来实现千变万化的动画效果。

课堂学习目标

- ✔ 了解数据类型
- ✔ 掌握语法规则
- ✔ 掌握变量和函数的使用方法
- ✔ 掌握表达式和运算符的使用方法

10.1 动作脚本的使用

和其他脚本语言相同，Animate 的动作脚本依照自己的语法规则，保留关键字、提供运算符，并且允许使用变量存储和获取信息。动作脚本包含内置的对象和函数，并且允许用户创建自己的对象和函数。动作脚本程序一般由语句、函数和变量组成，主要涉及数据类型、语法规则、变量、函数、表达式和运算符等。

10.1.1 数据类型

数据类型描述了动作脚本的变量或元素可以包含的信息种类。动作脚本有两种数据类型：原始数据类型和引用数据类型。原始数据类型是指 String（字符串）、Number（数字）和 Boolean（布尔值），它们拥有固定类型的值，因此可以包含它们所代表元素的实际值。引用数据类型是指影片剪辑和对象，它们值的类型是不固定的，因此它们包含对该元素实际值的引用。

下面我们来介绍各种数据类型。

1. String（字符串）

字符串是字母、数字和标点符号等字符的序列。字符串必须用一对双引号标记。字符串被当作字符而不是变量进行处理。

例如，在下面的语句中，"L7" 是一个字符串。

```
favoriteBand = "L7";
```

2. Number（数字型）

数字型是指数字的算术值，要进行正确的数学运算必须使用数字数据类型。可以使用算术运算符加（ + ）、减（ − ）、乘（ * ）、除（ / ）、求模（ % ）、递增（ + + ）和递减（ − − ）来处理数字，也可以使用内置的 Math 对象的方法处理数字。

例如，使用 sqrt( )（平方根）方法返回数字 100 的平方根可使用如下语句。

```
Math.sqrt(100);
```

3. Boolean（布尔型）

值为 true 或 false 的变量被称为布尔型变量。动作脚本也会在需要时将值 true 和 false 转换为 1 和 0。在确定"是/否"的情况下，布尔型变量是非常有用的。在进行比较以控制脚本流的动作脚本语句中，布尔型变量经常与逻辑运算符一起使用。

例如，在下面的脚本中，如果变量 userName 和 password 为 true，则会播放该 SWF 文件。

```
onClipEvent (enterFrame) {
if (userName == true && password == true){
play( );
}
}
```

4. Movie Clip（影片剪辑型）

影片剪辑是 Animate 影片中可以播放动画的元件，它们是唯一引用图形元素的数据类型。Animate 中的每个影片剪辑都是一个 Movie Clip 对象，它们拥有 Movie Clip 对象中定义的方法和属性。通过点（.）运算符可以调用影片剪辑内部的属性和方法。

例如以下调用。

```
my_mc.startDrag(true);
parent_mc.getURL("http://www.macromedia.com/support/" + product);
```

5. Object（对象型）

对象型指所有使用动作脚本创建的基于对象的代码。对象是属性的集合，每个属性都拥有自己的名称和值，属性的值可以是任何 Animate 数据类型，甚至可以是对象数据类型。通过（.）运算符可以引用对象中的属性。

例如，在下面的代码中，hoursWorked 是 weeklyStats 的属性，而 weeklyStats 是 employee 的属性。

```
employee.weeklyStats.hoursWorked
```

6. Null（空值）

空值数据类型只有一个值，即 null。这意味着没有值，即缺少数据。null 可以用在各种情况中，如作为函数的返回值、表明函数没有可以返回的值、表明变量还没有接收到值、表明变量不再包含值等。

7. Undefined（未定义）

未定义的数据类型只有一个值，即 undefined，用于尚未分配值的变量。如果一个函数引用了未在其他地方定义的变量，那么 Animate 将返回未定义数据类型。

10.1.2　语法规则

动作脚本拥有自己的一套语法规则和标点符号，下面我们就来进行介绍。

1. 点运算符

在动作脚本中，点（.）用于表示与对象或影片剪辑相关联的属性或方法，也可以用于标识影片剪辑或变量的目标路径。点（.）运算符表达式以影片或对象的名称开始，中间为点（.）运算符，最后是要指定的元素。

例如，_x 影片剪辑属性指示影片剪辑在舞台上的 X 轴位置，而表达式 ballMC._x 则引用了影片剪辑实例 ballMC 的 _x 属性。

又例如，submit 是 form 影片剪辑中设置的变量，此影片剪辑嵌在影片剪辑 shoppingCart 之中，表达式 shoppingCart.form.submit = true 将实例 form 的 submit 变量设置为 true。

无论是表达对象的方法还是表达影片剪辑的方法，均遵循同样的模式。例如，ball_mc 影片剪辑实例的 play( )方法在 ball_mc 的时间轴中移动播放头，如下面的语句所示。

```
ball_mc.play( );
```

点语法还使用两个特殊别名——_root 和_parent。别名_root 是指主时间轴，可以使用_root 别

名创建一个绝对目标路径。例如，下面的语句调用主时间轴上影片剪辑 functions 中的函数
buildGameBoard( )。

```
_root.functions.buildGameBoard( );
```

可以使用别名_parent 引用当前对象嵌入到的影片剪辑，也可以使用_parent 创建相对目标路径。
例如，如果影片剪辑 dog_mc 嵌入影片剪辑 animal_mc 的内部，则实例 dog_mc 的如下语句会指示
animal_mc 停止。

```
_parent.stop( );
```

2. 界定符

（1）大括号：动作脚本中的语句被大括号包括起来组成语句块。例如下列脚本。

```
// 事件处理函数
public Function myDate( ){
Var myDate:Date = new Date( );
currentMonth = myDate.getMMonth( );
}
```

（2）分号：动作脚本中的语句可以由一个分号结尾。如果在结尾处省略分号，Animate 仍然可以
成功编译脚本。例如下列脚本。

```
var column = passedDate.getDay( );
var row = 0;
```

（3）圆括号：在定义函数时，任何参数定义都必须放在一对圆括号内。例如下列脚本。

```
function myFunction (name, age, reader){
}
```

调用函数时，需要被传递的参数也必须放在一对圆括号内。例如下列脚本。

```
myFunction ("Steve", 10, true);
```

可以使用圆括号改变动作脚本的优先顺序或增强程序的易读性。

3. 注释

在"动作"面板中，使用注释语句可以在一个帧或者按钮的脚本中添加说明，有利于增加程序的
易读性。注释语句以双斜线 // 开始，斜线显示为灰色。注释内容可以不考虑长度和语法。注释语句
不会影响 Animate 动画输出时的文件大小。例如下列脚本。

```
public Function myDate( ){
  // 创建新的 Date 对象
var myDate:Date = new Date( );
currentMonth = myDate.getMMonth( );
  // 将月份数转换为月份名称
  monthName = calcMonth(currentMonth);
  year = myDate.getFullYear( );
  currentDate = myDate.getDate( );
}
```

10.1.3　变量

变量是包含信息的容器。容器本身不会改变，但其内容可以更改。第一次定义变量时，最好为变量定义一个已知值，这就是初始化变量，通常在 SWF 文件的第 1 帧中完成。每一个影片剪辑对象都有自己的变量，而且不同的影片剪辑对象中的变量相互独立且互不影响。

变量中可以存储的常见信息类型包括 URL、用户名、数字运算的结果、事件发生的次数等。

为变量命名必须遵循以下规则。

（1）变量名在其作用范围内必须是唯一的。

（2）变量名不能是关键字或布尔值（true 或 false）。

（3）变量名必须以字母或下划线开始，由字母、数字、下划线组成，其间不能包含空格。（变量名没有大小写的区别。）

变量的范围是指变量在其中已知并且可以引用的区域，它包含 3 种类型。

（1）本地变量

在声明它们的函数体（由大括号决定）内可用。本地变量的使用范围只限于它的代码块，会在该代码块结束时到期，其余的本地变量会在脚本结束时到期。若要声明本地变量，可以在函数体内部使用 var 语句。

（2）时间轴变量

可用于时间轴上的任意脚本。要声明时间轴变量，应在时间轴的所有帧上都初始化这些变量。应先初始化变量，然后再尝试在脚本中访问它。

（3）全局变量

对于文档中的每个时间轴和范围均可见。如果要创建全局变量，可以在变量名称前使用_global 标识符，不使用 var 语法。

10.1.4　函数

函数是用来对常量、变量等进行某种运算的方法，如产生随机数、进行数值运算、获取对象属性等。函数是一个动作脚本代码块，它可以在影片中的任何位置上重新使用。如果将值作为参数传递给函数，则函数将对这些值进行操作。函数也可以返回值。

调用函数可以用一行代码来代替一个可执行的代码块。函数可以执行多个动作，并为它们传递可选项。函数必须要有唯一的名称，以便在代码行中可以知道访问的是哪一个函数。

Animate 具有内置的函数，可以访问特定的信息或执行特定的任务。例如，获得 Flash 播放器的版本号等。属于对象的函数叫方法，不属于对象的函数叫顶级函数，可以在"动作"面板的"函数"类别中找到。

每个函数都具备自己的特性，而且某些函数需要传递特定的值。如果传递的参数多于函数的需要，多余的值将被忽略；如果传递的参数少于函数的需要，空的参数会被指定为 undefined 数据类型，这在导出脚本时，可能会导致出现错误。如果要调用函数，该函数必须存在于播放头到达的帧中。

动作脚本提供了自定义函数的方法，用户可以自行定义参数，并返回结果。在主时间轴上或影片剪辑时间轴的关键帧中添加函数时，即是在定义函数。所有的函数都有目标路径。所有的函数都需要在名称后跟一对括号()，但括号中是否有参数是可选的。一旦定义了函数，就可以从任何一个时间轴中调用它，包括加载的 SWF 文件的时间轴。

10.1.5　表达式和运算符

表达式是由常量、变量、函数和运算符按照运算法则组成的计算式。运算符是可以提供对数值、字符串、逻辑值进行运算的关系符号。运算符有很多种类，包括数值运算符、字符串运算符、比较运算符、逻辑运算符、位运算符和赋值运算符等。

（1）算术运算符及表达式

算术表达式是数值进行运算的表达式。它由数值、以数值为结果的函数和算术运算符组成，运算结果是数值或逻辑值。

在 Animate 中可以使用如下算术运算符。

+ 、- 、* 、/ —— 执行加、减、乘、除运算。

= 、<> —— 比较两个数值是否相等、不相等。

< 、<= 、> 、>= —— 比较运算符前面的数值是否小于、小于等于、大于、大于等于后面的数值。

（2）字符串表达式

字符串表达式是对字符串进行运算的表达式。它由字符串、以字符串为结果的函数和字符串运算符组成，运算结果是字符串或逻辑值。

在 Animate 中可以使用如下字符串表达式的运算符。

& —— 连接运算符两边的字符串。

Eq、Ne —— 判断运算符两边的字符串是否相等、不相等。

Lt、Le、Qt、Qe —— 判断运算符左边字符串的 ASCII 码是否小于、小于等于、大于、大于等于右边字符串的 ASCII 码。

（3）逻辑表达式

逻辑表达式是对正确、错误结果进行判断的表达式。它由逻辑值、以逻辑值为结果的函数、以逻辑值为结果的算术或字符串表达式和逻辑运算符组成，运算结果是逻辑值。

（4）位运算符

位运算符用于处理浮点数。运算时先将操作数转化为 32 位的二进制数，然后对每个操作数分别按位进行运算，运算后再将二进制的结果按照 Animate 的数值类型返回。

动作脚本的位运算符包括&（位与）、/（位或）、^（位异或）、~（位非）、<<（左移位）、>>（右移位）、>>>（填 0 右移位）等。

（5）赋值运算符

赋值运算符的作用是为变量、数组元素或对象的属性赋值。

10.1.6　课堂案例——制作闹钟详情页主图

案例学习目标

使用脚本语言控制动画播放。

案例知识要点

使用任意变形工具和"动作"面板，来完成动画效果的制作。效果如图 10-1 所示。

扫码观看　　扫码查看
本案例视频　扩展案例

图 10-1

 效果所在位置

光盘/Ch10/效果/制作闹钟详情页主图.fla。

1. 导入图形元件

（1）在欢迎页的"详细信息"选项组中，将"宽"项设为 800，"高"项设为 800，"平台类型"选项的下拉列表中选择"ActionScript 3.0"选项，单击"创建"按钮，完成文档的创建。

（2）选择"文件 > 导入 > 导入到库"命令，在弹出的"导入到库"对话框中，选择云盘中"Ch10 > 素材 > 制作闹钟详情页主图 > 01～04"文件，单击"打开"按钮，文件被导入到"库"面板中，如图 10-2 所示。

（3）按 Ctrl+F8 组合键，弹出"创建新元件"对话框。在"名称"项的文本框中输入"时针"，在"类型"选项下拉列表中选择"影片剪辑"选项，单击"确定"按钮，新建影片剪辑元件"时针"，如图 10-3 所示。舞台窗口也随之转换为影片剪辑元件的舞台窗口。

（4）将"库"面板中的位图文件"02"拖曳到舞台窗口中。选择"任意变形"工具 ，将时针的下端与舞台中心点对齐（在操作过程中一定要将其与中心点对齐，否则要实现的效果将不会出现），效果如图 10-4 所示。

  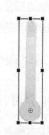

图 10-2　　　　　　　　　　图 10-3　　　　　　　　图 10-4

（5）按 Ctrl+F8 组合键，新建影片剪辑元件"分针"。舞台窗口也随之转换为"分针"元件的舞台窗口。将"库"面板中的位图文件"03"拖曳到舞台窗口中，将分针的下端与舞台中心点对齐（在操作过程中一定要将其与中心点对齐，否则要实现的效果将不会出现），效果如图 10-5 所示。

（6）按 Ctrl+F8 组合键，新建影片剪辑元件"秒针"，如图 10-6 所示。舞台窗口也随之转换为"秒针"元件的舞台窗口。将"库"面板中的位图文件"04"拖曳到舞台窗口中。选择"任意变形"工具 ，将秒针的下端与舞台中心点对齐（在操作过程中一定要将其与中心点对齐，否则要实现的效果将不会出现），效果如图 10-7 所示。

图 10-5   图 10-6   图 10-7

2. 制作精美闹钟并添加脚本

（1）单击舞台窗口左上方的"场景 1"图标 场景 1，进入"场景 1"的舞台窗口。将"图层_1"重新命名为"底图"。将"库"面板中的位图"01"拖曳到舞台窗口的中心位置，效果如图 10-8 所示。

（2）选中"底图"图层的第 2 帧，按 F5 键，插入普通帧。在"时间轴"面板中创建新图层并将其命名为"文本框"。

（3）选择"文本"工具 T ，在文本工具"属性"面板中进行设置，如图 10-9 所示。在舞台窗口中绘制一个文本框，如图 10-10 所示。

图 10-8   图 10-9   图 10-10

（4）选择"选择"工具 ▶ ，选中文本框，在文本工具"属性"面板中的"实例名称"文本框中输入"y_txt"，如图 10-11 所示。用相同的方法在适当的位置再绘制 3 个文本框，并分别在文本工具"属性"面板中的"实例名称"文本框中输入"m_txt""d_txt"和"w_txt"，舞台窗口中的效果如图 10-12 所示。

（5）在"时间轴"面板中创建新图层并将其命名为"时针"。将"库"面板中的影片剪辑元件"时针"拖曳到舞台窗口中，将其放置在表盘上的适当位置，效果如图 10-13 所示。

（6）在舞台窗口中选中"时针"实例，在实例"属性"面板中的"实例名称"文本框中输入"sz_mc"，如图 10-14 所示。在"时间轴"面板中创建新图层并将其命名为"分针"。将"库"面板中的影片剪辑元件"分针"拖曳到舞台窗口中，将其放置在表盘上的适当位置，效果如图 10-15 所示。在舞台窗口中选中"分针"实例，选择影片剪辑元件的"属性"面板，在"实例名称"选项框中输入"fz_mc"，如图 10-16 所示。

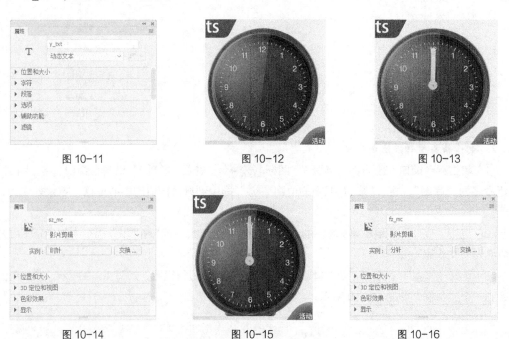

图 10-11　　　　　　　　图 10-12　　　　　　　　图 10-13

图 10-14　　　　　　　　图 10-15　　　　　　　　图 10-16

（7）在"时间轴"面板中创建新图层并将其命名为"秒针"。将"库"面板中的影片剪辑元件"秒针"拖曳到舞台窗口中，将其放置在表盘上的适当位置，效果如图 10-17 所示。在舞台窗口中选中"秒针"实例，选择影片剪辑元件的"属性"面板，在"实例名称"选项框中输入"mz_mc"，如图 10-18 所示。

（8）在"时间轴"面板中创建新图层并将其命名为"动作脚本"。选中"动作脚本"图层的第 1 帧，选择"窗口 > 动作"命令，弹出"动作"面板（其快捷键为 F9 键）。在"动作"面板中设置脚本语言，"脚本窗口"中显示的效果如图 10-19 所示。闹钟详情页主图制作完成，按 Ctrl+Enter 组合键即可查看效果。

图 10-17　　　　　　图 10-18　　　　　　　　图 10-19

10.2　课堂练习——制作漫天飞雪

练习知识要点

　　使用椭圆工具和"颜色"面板，绘制雪花图形；使用"动作"面板，添加脚本语言。效果如图 10-20 所示。

图 10-20

扫码观看
本案例视频

效果所在位置

　　云盘/Ch10/制作漫天飞雪.fla。

10.3　课后习题——制作鼠标指针跟随

习题知识要点

　　使用椭圆工具和"颜色"面板，绘制鼠标指针跟随图形；使用"动作"面板，添加脚本语言。效果如图 10-21 所示。

扫码观看
本案例视频

图 10-21

 效果所在位置

云盘/Ch10/效果/制作鼠标指针跟随.fla。

11

第 11 章
组件和动画预设

在 Animate CC 2019 中，系统预先设定了组件和动画预设功能来协助用户制作动画，以提高制作效率。本章主要讲解组件、动画预设的使用方法。通过这些内容的学习，读者可以了解并掌握如何应用系统自带的功能，事半功倍地完成动画制作。

课堂学习目标

- ✔ 了解组件及组件的设置方法
- ✔ 掌握动画预设的应用、导入、导出和删除方法

11.1 组件

组件是一些复杂的带有可定义参数的影片剪辑符号。一个组件就是一段影片剪辑，其中所带的参数由用户在创作 Animate 影片时进行设置，其中所带的动作脚本 API 供用户在运行时自定义组件。组件旨在让开发人员重用和共享代码，封装复杂功能，让用户在没有"动作脚本"时也能使用和自定义这些功能。

11.1.1 关于 Animate 组件

Animate 的组件可以是单选按钮、对话框、下拉列表、预加载栏甚至是根本没有图形的某个项，如定时器、服务器连接实用程序或自定义 XML 分析器等。

对于编写 ActionScript 不熟练的用户，可以直接向文档添加组件。添加的组件可以在"属性"面板中设置其参数，然后可以使用"代码片段"面板处理其事件。

用户无须编写任何 ActionScript 代码，就可以将"转到 Web 页"行为附加到一个 Button 组件，用户单击此按钮时会在 Web 浏览器中打开一个 URL。

创建功能更加强大的应用程序，可通过动态方式创建组件，使用 ActionScript 在运行时设置属性和调用方法，还可使用事件侦听器模型来处理事件。

首次将组件添加到文档时，Animate 会将其作为影片剪辑导入到"库"面板中，还可以将组件从"组件"面板直接拖到"库"面板中，然后将其实例添加到舞台上。在任何情况下，用户都必须将组件添加到库中，才能访问其类元素。

11.1.2 设置组件

选择"窗口 > 组件"命令，或按 Ctrl+F7 组合键，弹出"组件"面板，如图 11-1 所示。Animate CC 2019 提供了两类组件，即用于创建界面的 User Interface 类组件和控制视频播放的 Video 组件。

可以在"组件"面板中双击要使用的组件，组件显示在舞台窗口中，如图 11-2 所示。

可以在"组件"面板中选中要使用的组件，将其直接拖曳到舞台窗口中，如图 11-3 所示。

图 11-1   图 11-2   图 11-3

在舞台窗口中选中组件，如图 11-4 所示。按 Ctrl+F3 组合键，弹出"属性"面板，如图 11-5

所示。单击"显示参数"按钮，在弹出的"组件参数"面板中设置相应的选项，如图 11-6 所示。

图 11-4　　　　　　　　　图 11-5　　　　　　　　　　　　　　图 11-6

11.2　使用动画预设

　　动画预设是预配置的补间动画，可以将它们应用于舞台上的对象。我们只需选择对象并单击"动画预设"面板中的"应用"按钮，即可为选中的对象添加动画效果。

　　使用动画预设是学习在 Animate 中添加动画的基础知识的快捷方法。一旦了解了预设的工作方式后，自己制作动画就非常容易了。

　　用户可以创建并保存自己的自定义预设。这可以来自己修改的现有动画预设，也可以来自用户自己创建的自定义补间。

　　使用"动画预设"面板，还可导入和导出预设。用户可以与协作人员共享预设，或利用由 Animate 设计社区成员共享的预设。

11.2.1　预览动画预设

　　Animate 随附的每个动画预设都包括预览，可在"动画预设"面板中查看其预览。通过预览，用户可以了解在将动画应用于 FLA 文件中的对象时所获得的结果。对于用户创建或导入的自定义预设，用户可以添加自己的预览。

　　选择"窗口 > 动画预设"命令，弹出"动画预设"面板，如图 11-7 所示。单击"默认预设"文件夹前面的箭头，展开默认预设选项，选择其中一个默认的预设选项，即可预览默认动画预设，如图 11-8 所示。要停止预览播放，在"动画预设"面板外单击即可。

图 11-7　　　　　　　　　　　　　　　　　图 11-8

11.2.2　应用动画预设

在舞台上选中了可补间的对象（元件实例或文本字段）后，可单击"应用"按钮来应用预设。每个对象只能应用一个预设。如果将第 2 个预设应用于相同的对象，则第 2 个预设将替换第 1 个预设。

一旦将预设应用于舞台上的对象后，在时间轴中创建的补间就不再与"动画预设"面板有任何关系了。在"动画预设"面板中删除或重命名某个预设，对以前使用该预设创建的所有补间没有任何影响。如果在面板中的现有预设上保存新预设，它对使用原始预设创建的任何补间没有影响。

每个动画预设都包含特定数量的帧。在应用预设时，在时间轴中创建的补间范围将包含此数量的帧。如果目标对象已应用了不同长度的补间，补间范围将进行调整，以符合动画预设的长度。可在应用预设后调整时间轴中补间范围的长度。

包含 3D 动画的动画预设只能应用于影片剪辑实例。已补间的 3D 属性不适用于图形或按钮元件，也不适用于文本字段。可以将 2D 或 3D 动画预设应用于任何 2D 或 3D 影片剪辑。

> **注意**
>
> 如果动画预设对 3D 影片剪辑的 Z 轴位置进行了动画处理，则该影片剪辑在显示时也会改变其 X 和 Y 位置。这是因为，Z 轴上的移动是沿着从 3D 消失点（在 3D 元件实例属性检查器中设置）辐射到舞台边缘的不可见透视线执行的。

选择"文件 > 打开"命令，在弹出的"打开"对话框中选择"基础素材 > Ch11 > 01"文件。单击"打开"按钮，打开文件，效果如图 11-9 所示。

单击"时间轴"面板上方的"新建图层"按钮 ，新建"图层_2"，如图 11-10 所示。将"库"面板中的图形元件"足球"拖曳到舞台窗口中，并放置在适当的位置，如图 11-11 所示。

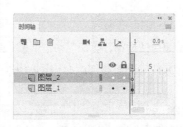

图 11-9　　　　　　　　　图 11-10　　　　　　　　　图 11-11

选择"窗口 > 动画预设"命令，弹出"动画预设"面板，如图 11-12 所示。单击"默认预设"文件夹前面的箭头，展开默认预设选项，如图 11-13 所示。

在舞台窗口中选中"足球"实例，在"动画预设"面板中选择"默认预设"文件夹中的"大幅度跳跃"选项，如图 11-14 所示。

单击"动作预设"面板右下方的"应用"按钮 应用 ，为"足球"实例添加动画预设，舞台窗口中的效果如图 11-15 所示，"时间轴"面板的效果如图 11-16 所示。

选中"图层_1"的第 75 帧，按 F5 键，插入普通帧，如图 11-17 所示。选择"图层_2"的第 75 帧，选择"选择"工具 ，在舞台窗口中将"足球"实例拖曳到适当的位置，如图 11-18 所示。

图 11-12

图 11-13

图 11-14

图 11-15

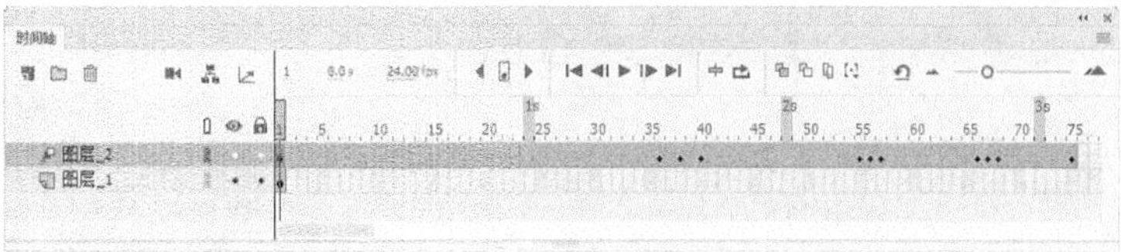

图 11-16

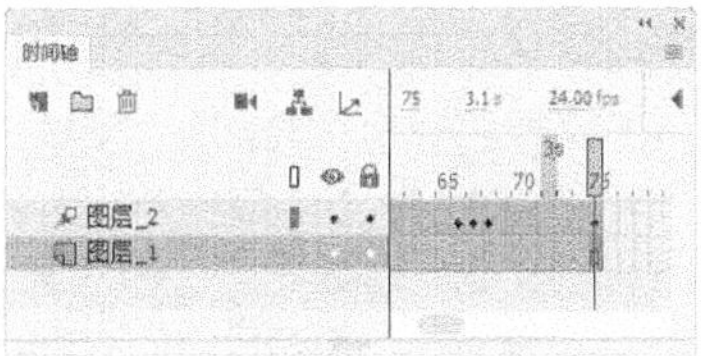

图 11-17

图 11-18

按 Ctrl+Enter 组合键，测试动画效果，在动画中足球会自左向右弹跳是出现。

11.2.3 将补间另存为自定义动画预设

如果我们想将自己创建的补间，或对从"动画预设"面板应用的补间进行更改，可将它另存为新的动画预设。新预设将显示在"动画预设"面板中的"自定义预设"文件夹中。

选择"基本椭圆"工具 ◯，在工具箱中将"笔触颜色"设为无，"填充颜色"设为红色径向渐变，在舞台窗口中绘制一个圆形，如图 11-19 所示。

选择"选择"工具 ▶，选中圆形，按 F8 键，弹出"转换为元件"对话框。在"名称"项的文本框中输入"小球"，在"类型"选项的下拉列表中选择"图形"选项，如图 11-20 所示。单击"确定"按钮，将圆形转换为图形元件。

用鼠标右键单击"小球"实例，在弹出的菜单中选择"创建补间动画"命令，生成补间动画，"时间轴"面板如图 11-21 所示。在舞台窗口中将"小球"实例水平向右拖曳到适当的位置，如图 11-22 所示。

将鼠标指针放在运动路线上，当鼠标指针变为 ▶ 时，单击向上拖曳到适当的位置，将运动路线调为弧线，效果如图 11-23 所示。

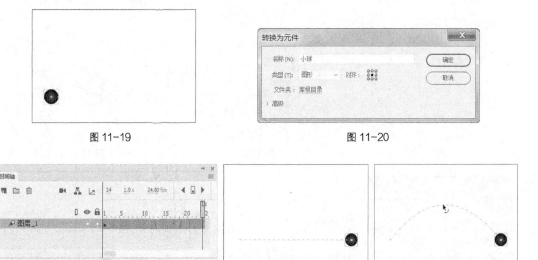

图 11-19   图 11-20

图 11-21   图 11-22   图 11-23

选中舞台窗口中的"小球"实例，单击"动画预设"面板左下方的"将选区另存为预设"按钮，
弹出"将预设另存为"对话框，如图 11-24 所示。

在"预设名称"项的文本框中输入一个名称，如图 11-25 所示。单击"确定"按钮，完成另存为
预设效果，"动画预设"面板如图 11-26 所示。

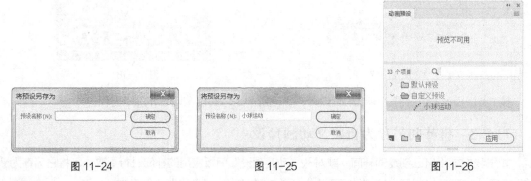

图 11-24   图 11-25   图 11-26

动画预设只能包含补间动画。传统补间不能保存为动画预设。自定义的动画预设存储在
"自定义预设"文件夹中。

11.2.4 导入和导出动画预设

在 Animate CC 2019 中除了默认预设和自定义预设外，还可以通过导入和导出的方式添加动画
预设。

1. 导入动画预设

动画预设存储为 XML 文件，导入 XML 补间文件可将其添加到"动画预设"面板。

单击"动画预设"面板右上角的选项按钮 ☰，在弹出的菜单中选择"导入…"命令，如图 11-27 所示。在弹出的"导入动画预设"对话框中选择要导入的文件，如图 11-28 所示。

单击"打开"按钮，"小球运动-1.xml"预设会被导入到"动画预设"面板中，如图 11-29 所示。

图 11-27　　　　　　　　　　　图 11-28　　　　　　　　　　　图 11-29

2．导出动画预设

在 Animate CC 2019 中除了导入动画预设外，还可以将制作好的动画预设导出为 XML 文件，以便与其他 Animate 用户共享。

在"动画预设"面板中选择需要导出的预设，如图 11-30 所示。单击"动画预设"面板右上角的选项按钮 ☰，在弹出的菜单中选择"导出…"命令，如图 11-31 所示。

在弹出的"另存为"对话框中，为 XML 文件选择保存位置及输入名称，如图 11-32 所示，单击"保存"按钮即可完成导出预设。

图 11-30

图 11-31　　　　　　　　　　　　　　图 11-32

11.2.5　删除动画预设

可从"动画预设"面板中删除预设。在删除预设时，Animate 将从磁盘中删除其 XML 文件。因此应考虑制作要在以后再次使用的任何预设的备份。方法是先导出这些预设的副本。

在"动画预设"面板中选择需要删除的预设，如图 11-33 所示，单击面板下方的"删除项目"按钮 🗑，系统将会弹出"删除预设"对话框，如图 11-34 所示。单击"删除"按钮，即可将选中的预设删除。

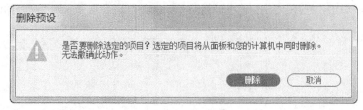

图 11-33   图 11-34

 注意　在删除预设时，"默认预设"文件夹中的预设是删除不掉的。

11.2.6　课堂案例——制作房地产广告

 案例学习目标

使用不同的预设命令制作动画效果。

 案例知识要点

使用"从顶部飞入"预设，制作文字动画效果；使用"从右边飞入"预设，制作楼房动画效果；使用"从顶部飞出"预设，制作蒲公英动画效果。如图 11-35 所示。

扫码观看　　扫码查看
本案例视频　扩展案例

图 11-35

效果所在位置

云盘/Ch11/效果/制作房地产广告.fla。

1. 创建图形元件

（1）在欢迎页的"详细信息"选项组中，将"宽"项设为 600，"高"项设为 400，"平台类型"选项的下拉列表中选择"ActionScript 3.0"选项，单击"创建"按钮，完成文档的创建。按 Ctrl+J 组合键，弹出"文档设置"对话框，将"舞台颜色"设为淡粉色（#FFCCCC），单击"确定"按钮，完成舞台颜色的修改。

（2）选择"文件 > 导入 > 导入到库"命令，在弹出的"导入到库"对话框中，选择云盘中的

"Ch11 > 素材 > 制作房地产广告 > 01～04" 文件。单击 "打开" 按钮，文件被导入到 "库" 面板中，如图 11-36 所示。

（3）按 Ctrl+F8 组合键，弹出 "创建新元件" 对话框，在 "名称" 项的文本框中输入 "楼房"，在 "类型" 选项下拉列表中选择 "图形" 选项，单击 "确定" 按钮，新建图形元件 "楼房"，如图 11-37 所示。舞台窗口也随之转换为图形元件的舞台窗口。将 "库" 面板中的位图 "02" 拖曳到舞台窗口中，如图 11-38 所示。

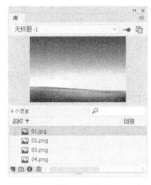

图 11-36   图 11-37   图 11-38

（4）按 Ctrl+F8 组合键，弹出 "创建新元件" 对话框，在 "名称" 项的文本框中输入 "蒲公英"，在 "类型" 选项下拉列表中选择 "图形" 选项，如图 11-39 所示。单击 "确定" 按钮，新建图形元件 "蒲公英"。舞台窗口也随之转换为图形元件的舞台窗口。将 "库" 面板中的位图 "04" 拖曳到舞台窗口中，如图 11-40 所示。

图 11-39   图 11-40

（5）在 "库" 面板中新建一个图形元件 "文字"，舞台窗口也随之转换为图形元件的舞台窗口。选择 "文本" 工具 T，在文本工具 "属性" 面板中进行设置。在舞台窗口中适当的位置输入大小为 30、字体为 "方正兰亭粗黑简体" 的白色文字，文字效果如图 11-41 所示。

（6）在舞台窗口中选中文字 "繁华"，如图 11-42 所示。在文字 "属性" 面板中，将 "系列" 选项设为 "方正粗雅宋简体"，"大小" 项设为 40，效果如图 11-43 所示。用相同的方法制作出图 11-44 所示的效果。

图 11-41   图 11-42

图 11-43

图 11-44

（7）在舞台窗口中适当的位置输入大小为 20、
字体为"方正粗雅宋简体"的白色文字，文字效果
如图 11-45 所示。

2. 制作场景动画

（1）单击舞台窗口左上方的"场景 1"图标
场景 1，进入"场景 1"的舞台窗口。将"图层_1"重命名为"底图"。将"库"面板中的位图
"01"拖曳到舞台窗口中，效果如图 11-46 所示。选中"底图"图层的第 90 帧，按 F5 键，插入
普通帧。

（2）在"时间轴"面板中创建新图层并将其命名为"楼房"。选中"楼房"图层的第 1 帧。将"库"
面板中的图形元件"楼房"拖曳到舞台窗口的右外侧，如图 11-47 所示。

图 11-45

图 11-46

图 11-47

（3）保持"楼房"实例的选取状态，选择"窗口 > 动画预设"命令，弹出"动画预设"面板。
单击"默认预设"文件夹前面的箭头，展开默认预设选项，如图 11-48 所示。

（4）在"动画预设"面板中的"默认预设"文件夹中，选择"从右边飞入"选项，如图 11-49
所示。单击"应用"按钮（ 应用 ），舞台窗口中的效果如图 11-50 所示。

图 11-48　　　　图 11-49 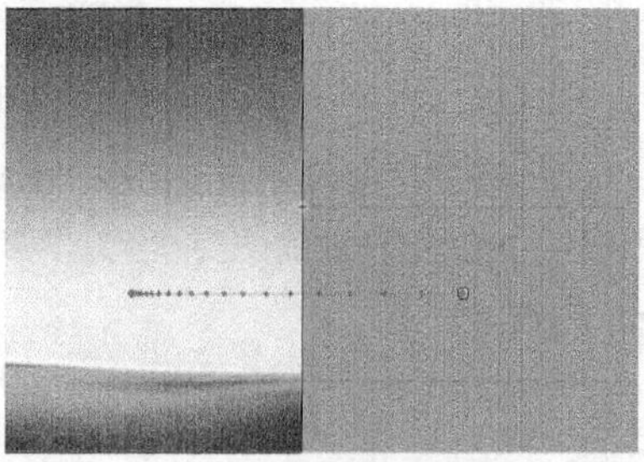　　　　图 11-50

（5）选中"楼房"图层的第 24 帧，在舞台窗口中将"楼房"实例水平向右拖曳到适当的位置，如图 11-51 所示。选中"楼房"图层的第 90 帧，按 F5 键，插入普通帧，如图 11-52 所示。

（6）在"时间轴"面板中创建新图层并将其命名为"蒲公英"。将"库"面板中的位图"03"拖曳到舞台窗口中，并放置在适当的位置，如图 11-53 所示。

（7）在"时间轴"面板中创建新图层并将其命名为"飞舞"。选中"飞舞"图层的第 1 帧，将"库"面板中的图形元件"蒲公英"拖曳到舞台窗口中，并放置在适当的位置，如图 11-54 所示。

图 11-51

图 11-52

图 11-53

图 11-54

（8）保持"蒲公英"实例的选取状态，在"动画预设"面板中的"默认预设"文件夹中，选择"从顶部飞出"选项，如图 11-55 所示。单击"应用"按钮 [应用]，舞台窗口中的效果如图 11-56 所示。

（9）选中"飞舞"图层的第 24 帧，将其拖曳到第 50 帧。在舞台窗口中，将"蒲公英"实例拖曳到适当的位置，如图 11-57 所示。选中"飞舞"图层的第 90 帧，按 F5 键，插入普通帧。

图 11-55

图 11-56

图 11-57

（10）在"时间轴"面板中创建新图层并将其命名为"文字"。选中"文字"图层的第 1 帧，将"库"面板中的图形元件"文字"拖曳到舞台窗口的上方外侧，如图 11-58 所示。

（11）保持"文字"实例的选取状态，在"动画预设"面板中的"默认预设"文件夹中，选择"从顶部飞入"选项。单击"应用"按钮 [应用]，舞台窗口中的效果如图 11-59 所示。

（12）选中"文字"图层的第 24 帧，在舞台窗口中将"文字"实例垂直向上拖曳到适当的位置，如图 11-60 所示。选中"文字"图层的第 90 帧，按 F5 键，插入普通帧。房地产广告效果制作完成，按 Ctrl+Enter 组合键即可查看效果，如图 11-61 所示。

图 11-58

图 11-59

图 11-60

图 11-61

11.3 课堂练习——制作旅行箱广告

🔗 练习知识要点

使用"导入到库"命令，导入素材制作图形元件；使用"从顶部飞入"选项、"从右边飞入"选项和"从左边飞入"选项，制作旅行箱广告动画。效果如图 11-62 所示。

扫码观看
本案例视频

图 11-62

📍 效果所在位置

云盘/Ch11/效果/制作旅行箱广告.fla。

11.4 课后习题——制作小风扇广告

习题知识要点

　　使用"新建元件"命令，制作图形元件；使用"从左边飞入"选项、"从顶部飞入"选项、"从底部飞入"选项，制作文字动画；使用"脉搏"选项，制作价位动画。效果如图 11-63 所示。

图 11-63

扫码观看
本案例视频

效果所在位置

　　云盘/Ch11/效果/制作小风扇广告.fla。

12

第12章
动态标志设计

在数字媒体时代的当今，动态标志设计有了前所未有的发展。动态标志将原本静态的标志通过动画的形式进行展现，丰富变化的动态图形可以为观者带来更深刻的印象，并更好地进行品牌传播。本章对动态标志进行简单的介绍，并从实战的角度对动态标志的案例分析、案例设计以及案例制作进行系统讲解与演练。通过对本章的学习，读者可以对动态标志设计有一个基本的认识，并快速掌握设计制作常用动态标志的方法。

课堂学习目标

- ✔ 了解动态标志设计的概念
- ✔ 了解动态标志设计的功能
- ✔ 掌握动态标志动画的设计思路
- ✔ 掌握动态标志动画的制作方法和技巧

12.1   动态标志设计概述

    动态标志（Dynamic symbol）指在静态标志的基础之上，对标志进行有目的的动态变化。优秀的动态标志可以将图形文字与动态表现很好地融合，进而展现品牌内涵，令消费者对企业文化进行认可。如图 12-1 所示，左侧为谷歌动态标志，中间为宜家动态标志，右侧为 Skype 动态标志。

图 12-1

12.2   制作影视动态标志

12.2.1   案例分析

    本例是为叭哥影视公司制作的标志。叭哥影视公司是一家专业的影视公司，公司致力于影视制作、专题片制作、专题片拍摄等。其企业标志的设计要简洁大气、稳重，同时符合影视公司的特征，能融入行业的理念和特色。

    在设计制作过程中，以图形化为主体制作标志，充分利用公司的名称"叭哥影视"作为品牌形象设计来源。在字体设计上进行变形，通过图像和文字的结合表现出阳光、高效的企业形象。

    本例将使用"新建元件"命令、矩形工具和"颜色"面板，制作高光元件；使用"转换为元件"命令，将图形转换为元件；使用"创建传统补间"命令和"创建补间形状"命令，制作标志动画；使用文本工具，输入标志名称；使用"遮罩层"命令，制作文字走光效果。

12.2.2   案例设计

    本案例的效果如图 12-2 所示。

图 12-2

扫码观看
本案例视频

12.2.3　案例制作

1. 打开素材制作图形元件

（1）选择"文件 > 打开"命令，在弹出的"打开"对话框中，选择云盘中的"Ch12 > 素材 > 制作影视动态标志 > 01"文件，单击"打开"按钮，将其打开，如图 12-3 所示。按 Ctrl+J 组合键，弹出"文档设置"对话框，将"舞台颜色"设为灰色（#999999）。单击"确定"按钮，完成舞台颜色的修改，效果如图 12-4 所示。

（2）按 Ctrl+F8 组合键，弹出"创建新元件"对话框。在"名称"项的文本框中输入"高光"，在"类型"选项下拉列表中选择"图形"选项。单击"确定"按钮，新建图形元件"高光"，如图 12-5 所示。舞台窗口也随之转换为图形元件的舞台窗口。

图 12-3　　　　　　　　　图 12-4　　　　　　　　　图 12-5

（3）选择"窗口 > 颜色"命令，弹出"颜色"面板。单击"笔触颜色"按钮 ✏️ ⬛，将其设为无。单击"填充颜色"按钮 🪣 ☐，将其设为白色，将"A"项设为 30，如图 12-6 所示。选择"矩形"工具 ▢，在舞台窗口中绘制 3 个矩形，效果如图 12-7 所示。

图 12-6　　　　　　　　　　　　　　　图 12-7

2. 制作动画效果

（1）单击舞台窗口左上方的"场景 1"图标 🎬 场景 1，进入"场景 1"的舞台窗口。分别选中"外形"图层和"眼睛"图层的第 90 帧，按 F5 键，插入普通帧，如图 12-8 所示。选中"外形"图层的第 1 帧，将其拖曳到第 15 帧，如图 12-9 所示。

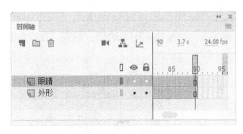

图 12-8

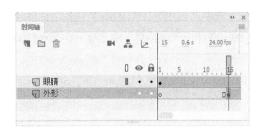

图 12-9

（2）选中"外形"图层的第 1 帧，选择"椭圆"工具 ⬭，在工具箱中将"笔触颜色"设为无，"填充颜色"设为黄色（#FFCC33），"Alpha"项设为 100，按住 Shift 键的同时，在舞台窗口中绘制一个圆形，如图 12-10 所示。

（3）选择"选择"工具 ▶，在舞台窗口中选中绘制的圆形。在形状"属性"面板中，将"宽"选项和"高"项均设为 107，将"X"项设为 272，将"Y"项设为 149，效果如图 12-11 所示。

（4）用鼠标右键单击"外形"图层的第 1 帧，在弹出的快捷菜单中选择"创建补间形状"命令，生成形状补间动画，如图 12-12 所示。

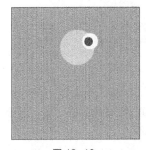

图 12-10　　　　　　图 12-11

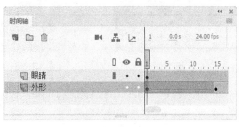

图 12-12

（5）选中"眼睛"图层的第 1 帧，将其拖曳至第 15 帧，如图 12-13 所示。在舞台窗口中选中图 12-14 所示的圆形。按 Ctrl+X 组合键，将其剪切。

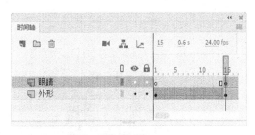

图 12-13

图 12-14

（6）在"时间轴"面板中创建新图层并将其命名为"圆形"。选中"圆形"图层的第 15 帧，按 F6 键，插入关键帧。按 Ctrl+Shift+V 组合键，将剪切的圆形原位粘贴到"圆形"图层中。

（7）保持圆形的选取状态，按 F8 键，在弹出的"转换为元件"对话框中进行设置，如图 12-15 所示。单击"确定"按钮，将圆形转换为图形元件"圆形"，如图 12-16 所示。

（8）选择"任意变形"工具 ▦，在"圆形"实例的周围出现控制框，如图 12-17 所示。拖曳中心点到适当的位置，如图 12-18 所示。

（9）选中"圆形"图层的第 25 帧，按 F6 键，插入关键帧。用鼠标右键单击"圆形"图层的第 15 帧，在弹出的快捷菜单中选择"创建传统补间"命令，生成传统补间动画，如图 12-19 所示。

图 12-15

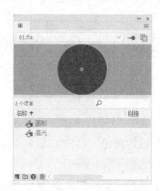

图 12-16

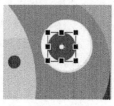

图 12-17

图 12-18

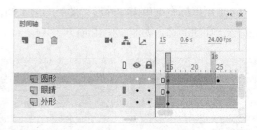

图 12-19

（10）选中"圆形"图层的第 15 帧，在帧"属性"面板中，选择"补间"选项组，在"旋转"选项下拉列表中选择"顺时针"选项，将"旋转次数"设为 1，如图 12-20 所示。

（11）在"时间轴"面板中创建新图层并将其命名为"文字"。选中"文字"图层的第 25 帧，按 F6 键，插入关键帧。选择"文本"工具 T，在文本工具"属性"面板中进行设置，在舞台窗口中适当的位置输入大小为 79.2、字体为"方正正大黑简体"的深绿色（#013333）文字，文字效果如图 12-21 所示。

图 12-20

图 12-21

（12）在"时间轴"面板中创建新图层并将其命名为"高光"。选中"高光"图层的第 25 帧，按 F6 键，插入关键帧。将"库"面板中的图形元件"高光"拖曳到舞台窗口中，并放置在适当的位置，如图 12-22 所示。选择"任意变形"工具，旋转"高光"实例的角度，效果如图 12-23

所示。

（13）选中"高光"图层的第 35 帧，按 F6 键，插入关键帧。选择"选择"工具 ▶，在舞台窗口将"高光"实例水平向右拖曳到适当的位置，如图 12-24 所示。用鼠标右键单击"高光"图层的第 25 帧，在弹出的快捷菜单中选择"创建传统补间"命令，生成传统补间动画。

图 12-22

图 12-23

图 12-24

（14）用鼠标右键单击"文字"图层，在弹出的快捷菜单中选择"复制图层"命令，复制图层并生成"文字_复制"图层，如图 12-25 所示。将"文字_复制"图层拖曳到"高光"图层的上方，如图 12-26 所示。

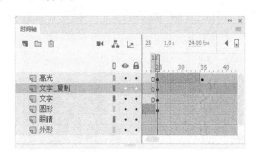
图 12-25

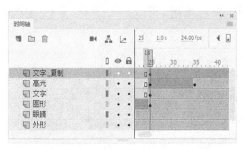
图 12-26

（15）用鼠标右键单击"文字_复制"图层，在弹出的快捷菜单中选择"遮罩层"命令，将"文字_复制"图层设为遮罩的层，"高光"图层为被遮罩的层，如图 12-27 所示。舞台窗口中的效果如图 12-28 所示。

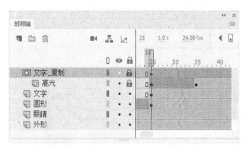
图 12-27

图 12-28

（16）在"时间轴"面板中创建新图层并将其命名为"英文"。选中"英文"图层的第 25 帧，按 F6 键，插入关键帧。选择"文本"工具 T，在文本工具"属性"面板中进行设置，在舞台窗口中适当的位置输入大小为 20.2、字母间距为 19、字体为"Impact"的绿色（#036435）文字，文字效果如图 12-29 所示。

（17）用鼠标右键单击"高光"图层，在弹出的快捷菜单中选择"复制图层"命令，复制图层并生成"高光_复制"图层，如图 12-30 所示。将"高光_复制"图层拖曳到"英文"图层的上方，如图 12-31 所示。

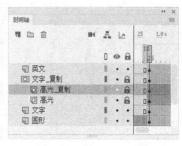
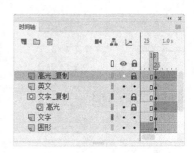

| 图 12-29 | 图 12-30 | 图 12-31 |

（18）在"时间轴"面板中，将"高光_复制"图层的第 25 帧至第 35 帧选中，如图 12-32 所示。在选中的帧上单击鼠标右键，在弹出的快捷菜单中选择"翻转帧"命令，将选中的帧进行翻转。

（19）用鼠标右键单击"英文"图层，在弹出的快捷菜单中选择"复制图层"命令，复制图层并生成"英文_复制"图层。将"英文_复制"图层拖曳到"高光_复制"图层的上方，如图 12-33 所示。

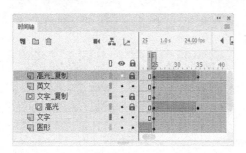
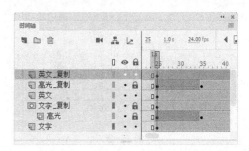

| 图 12-32 | 图 12-33 |

（20）用鼠标右键单击"英文_复制"图层，在弹出的快捷菜单中选择"遮罩层"命令，将"英文_复制"图层设为遮罩的层，"高光_复制"图层为被遮罩的层，如图 12-34 所示。按 Ctrl+J 组合键，弹出"文档设置"对话框，将"舞台颜色"设为白色。单击"确定"按钮，完成舞台颜色的修改，效果如图 12-35 所示。叭哥影视动态标志制作完成，按 Ctrl+Enter 组合键即可查看效果。

| 图 12-34 | 图 12-35 |

12.3 制作科技动态标志

12.3.1 案例分析

本例是为 E 世界电玩公司设计制作的网页标志。E 世界电玩公司是一家具有公信力且非常受玩家欢迎的在线游戏平台，现公司推出新年全新的游戏玩法及专业的品质服务，要求针对此次转型对公司标志进行全面升级。在网页标志设计上希望能表现出电玩企业的活力和激情。

在设计思路上，我们从公司的品牌名称入手，对"E 世界电玩"的文字进行了精心的变形设计和处理，文字的设计风格和品牌定位紧密结合，充分表现了电玩游戏带来的刺激和乐趣。标志颜色采用蓝色、紫色为基调，通过色彩充分体现电玩行业的科技特色。

本例将使用"打开"命令，打开素材文件；使用选择工具和"转换为元件"命令，将图形转换为图形元件；使用"属性"面板，调整实例的透明度；使用"创建传统补间"命令，制作标志动画效果。

12.3.2 案例设计

本案例的效果如图 12-36 所示。

图 12-36

扫码观看
本案例视频

12.3.3 案例制作

1. 打开素材制作图形元件

（1）选择"文件 > 打开"命令，在弹出的"打开"对话框中，选择云盘中的"Ch12 > 素材 > 制作科技动态标志 > 01"文件，单击"打开"按钮，将其打开，如图 12-37 所示。

（2）选择"选择"工具 ▶，在舞台窗口中选中图 12-38 所示的图形。按 F8 键，在弹出的"转换为元件"对话框中进行设置，如图 12-39 所示。单击"确定"按钮，将选中的图形转为为图形元件"图形 1"。

（3）选中图 12-40 所示的图形，按 F8 键，在弹出的"转换为元件"对话框中进行设置，如图 12-41 所示。单击"确定"按钮，将选中的图形转换为图形元件，如图 12-42 所示。

（4）在舞台窗口中框选中图 12-43 所示的图形和实例，按 F8 键，在弹出的"转换为元件"对话框中进行设置，如图 12-44 所示。单击"确定"按钮，将选中的图形和实例转为图形元件，如图 12-45 所示。

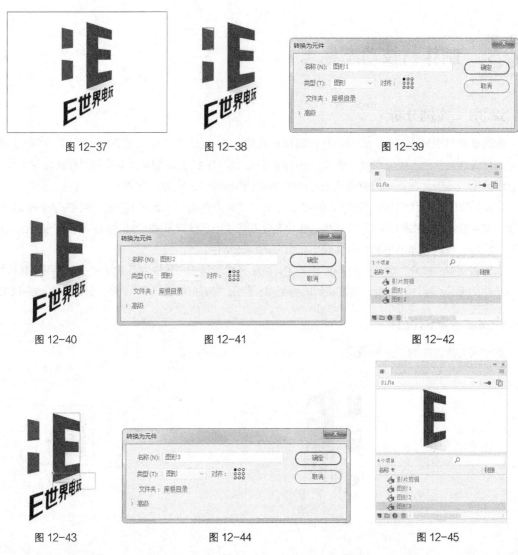

图 12-37   图 12-38   图 12-39

图 12-40   图 12-41   图 12-42

图 12-43   图 12-44   图 12-45

（5）在"时间轴"面板中单击"文字"图层，将该层中的图形全部选中，如图 12-46 所示。按 F8 键，在弹出的"转换为元件"对话框中进行设置，如图 12-47 所示。单击"确定"按钮，将选中的图形转换为图形元件，如图 12-48 所示。

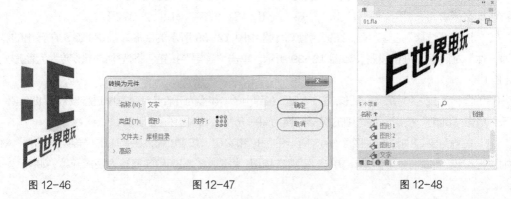

图 12-46   图 12-47   图 12-48

2．制作动画效果

（1）在舞台窗口中框选中图 12-49 所示的实例，选择"修改 > 时间轴 > 分散到图层"命令，将选中的实例分散到独立层，"时间轴"面板如图 12-50 所示。选中所有图层的第 60 帧，按 F5 键，插入普通帧，如图 12-51 所示。

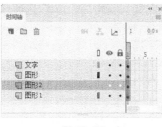

图 12-49　　　　　　　　　　图 12-50　　　　　　　　　　图 12-51

（2）选中"图形 1"图层的第 20 帧，按 F6 键，插入关键帧。选中"图形 1"图层的第 1 帧，在舞台窗口中将"图形 1"实例垂直向上拖曳到适当的位置，如图 12-52 所示。在图形"属性"面板中，选择"色彩效果"选项组，在"样式"选项下拉列表中选择"Alpha"选项，将"Alpha"数量设为 0，如图 12-53 所示。舞台窗口中的效果如图 12-54 所示。

图 12-52　　　　　　　　　　图 12-53　　　　　　　　　　图 12-54

（3）用鼠标右键单击"图形 1"图层的第 1 帧，在弹出的快捷菜单中选择"创建传统补间"命令，生成传统补间动画。

（4）选中"图形 2"图层的第 20 帧，按 F6 键，插入关键帧。选中"图形 2"图层的第 1 帧，在舞台窗口中将"图形 2"实例垂直向下拖曳到适当的位置，如图 12-55 所示。在图形"属性"面板中，选择"色彩效果"选项组，在"样式"选项下拉列表中选择"Alpha"选项，将"Alpha"数量设为 0，如图 12-56 所示。舞台窗口中的效果如图 12-57 所示。

图 12-55　　　　　　　　　　图 12-56　　　　　　　　　　图 12-57

（5）用鼠标右键单击"图形2"图层的第1帧，在弹出的快捷菜单中选择"创建传统补间"命令，生成传统补间动画。

（6）选中"图形"图层的第20帧，按F6键，插入关键帧。选中"图形"图层的第1帧，在舞台窗口中将"图形3"实例水平向右拖曳到适当的位置，如图12-58所示。在图形"属性"面板中，选择"色彩效果"选项组，在"样式"选项下拉列表中选择"Alpha"选项，将"Alpha"数量设为0，如图12-59所示。舞台窗口中的效果如图12-60所示。

图 12-58

图 12-59

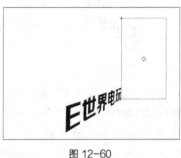
图 12-60

（7）用鼠标右键单击"图形"图层的第1帧，在弹出的快捷菜单中选择"创建传统补间"命令，生成传统补间动画。

（8）选中"文字"图层的第1帧，将其拖曳至第20帧，如图12-61所示。选中"文字"图层的第35帧，按F6键，插入关键帧，如图12-62所示。

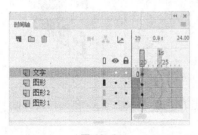
图 12-61

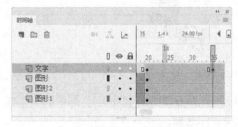
图 12-62

（9）选中"文字"图层的第20帧，按Ctrl+T组合键，弹出"变形"面板，将"缩放宽度"项和"缩放高度"项均设为70，如图12-63所示，效果如图12-64所示。在舞台窗口中将"文字"实例向左拖曳到适当的位置，如图12-65所示。

图 12-63

图 12-64

图 12-65

（10）保持实例的选取状态，在图形"属性"面板中，选择"色彩效果"选项组，在"样式"选项下拉列表中选择"Alpha"选项，将"Alpha"数量设为 0，如图 12-66 所示，舞台窗口中效果如图 12-67 所示。

（11）用鼠标右键单击"文字"图层的第 20 帧，在弹出的快捷菜单中选择"创建传统补间"命令，生成传统补间动画。科技动态标志制作完成，按 Ctrl+Enter 组合键即可查看效果，如图 12-68 所示。

图 12-66   图 12-67   图 12-68

12.4 制作艺术动态标志

12.4.1 案例分析

本例是为"凤舞"传统装饰图案网站设计制作的标志。"凤舞"网站是一个专业的中国传统装饰图案素材网站，网站提供了大量的传统装饰图案的素材和知识讲解，是一家文化知识型网站。在网站的标志设计上希望能表现出网站风格的典型性和艺术特色，也希望和凤舞的名字联系起来。

在设计构想上，我们选择了中国传统装饰图案作为标志底图，展现出网站的主题和特色。在文字上我们用中国传统书法来表现凤舞两个字，点明网站名称，还以文字的渐变营造出走光的文字动画效果。

本例将使用"属性"面板，改变元件的颜色；使用"遮罩层"命令，制作文字遮罩效果；使用"将线条转换为填充"命令，将线条转换为图形。

12.4.2 案例设计

本案例的效果如图 12-69 所示。

图 12-69

扫码观看
本案例视频

12.4.3　案例制作

1. 制作变色效果

（1）在欢迎页的"详细信息"选项组中，将"宽"项设为 350，"高"项设为 350，"平台类型"选项的下拉列表中选择"ActionScript 3.0"选项，单击"创建"按钮，完成文档的创建。按 Ctrl+J 组合键，弹出"文档设置"对话框，将"舞台颜色"设为黄色（#FFCC00），单击"确定"按钮，完成舞台颜色的修改。

（2）按 Ctrl+F8 组合键，弹出"创建新元件"对话框，在"名称"项的文本框中输入"渐变色"，在"类型"选项下拉列表中选择"图形"选项。单击"确定"按钮，新建图形元件"渐变色"，如图 12-70 所示。舞台窗口也随之转换为图形元件的舞台窗口。

（3）选择"窗口 > 颜色"命令，弹出"颜色"面板。单击"笔触颜色"按钮 ✏️ ▇，将其设为无。单击"填充颜色"按钮 🪣 ▢，在"颜色类型"选项的下拉列表中选择"线性渐变"选项，在色带上将渐变色设为从浅红色（#FF3300）、深红色（#580803）、浅红色（#FF3300）到白色（#FFFFFF），再从浅红色、深红色、浅红色渐变到白色，共设置 8 个控制点，生成渐变色，如图 12-71 所示。

（4）选择"矩形"工具 ▢，在舞台窗口中绘制一个矩形。选择"选择"工具 ▶，在舞台窗口中选中矩形，在形状"属性"面板中，将"宽"项设为 535，"高"项设为 225，改变矩形的大小，效果如图 12-72 所示。

 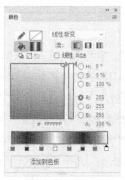 

图 12-70　　　　　图 12-71　　　　　图 12-72

2. 制作文字动画

（1）按 Ctrl+F8 组合键，弹出"创建新元件"对话框，在"名称"项的文本框中输入"文字动"，在"类型"选项下拉列表中选择"影片剪辑"选项，单击"确定"按钮，新建影片剪辑元件"文字动"，如图 12-73 所示。舞台窗口也随之转换为影片剪辑元件的舞台窗口。

（2）将"图层_1"重新命名为"文字"。选择"文本"工具 T，在文本工具"属性"面板中进行设置，在舞台窗口中适当的位置输入大小为 110、字母间距为-12，行距为-34，字体为"方正新舒体简体"的白色文字，文字效果如图 12-74 所示。

（3）选择"选择"工具 ▶，选中文字，按两次 Ctrl+B 组合键，将文字打散，效果如图 12-75 所示。选中"文字"图层的第 90 帧，按 F5 键，插入普通帧，如图 12-76 所示。

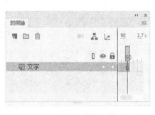

图 12-73   图 12-74   图 12-75   图 12-76

（4）在"时间轴"面板中创建新图层并将其命名为"渐变色 1"。将"渐变色 1"图层拖曳到"文字"图层的下方，如图 12-77 所示。将"库"面板中的图形元件"渐变色"拖曳到舞台窗口中，并将"渐变色"实例的右侧线与文字的右侧线对齐，效果如图 12-78 所示。

（5）选中 "渐变色 1"图层的第 90 帧，按 F6 键，插入关键帧。在舞台窗口中将"渐变色"实例水平向右拖曳到适当的位置，如图 12-79 所示。用鼠标右键单击"渐变色 1"图层的第 1 帧，在弹出的快捷菜单中选择"创建传统补间"命令，生成传统补间动画，如图 12-80 所示。

图 12-77   图 12-78   图 12-79

（6）用鼠标右键单击"文字"图层，在弹出的快捷菜单中选择"复制图层"命令，复制图层并生成"文字_复制"图层，如图 12-81 所示。

（7）用鼠标右键单击"文字"图层，在弹出的快捷菜单中选择"遮罩层"命令，将"文字"图层设为遮罩的层，"渐变色 1"图层设为被遮罩的层，"时间轴"面板如图 12-82 所示。

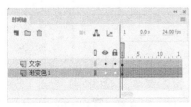

图 12-80   图 12-81   图 12-82

（8）选中"文字_复制"图层的第 1 帧，选择"墨水瓶"工具 ，在墨水瓶工具"属性"面板中，将"笔触颜色"设为红色（#FF0000），"笔触"项设为 2。用鼠标在文字的边线上单击，勾画出文字的轮廓，效果如图 12-83 所示。

（9）选择"选择"工具 ，按住 Shift 键的同时，用鼠标单击白色填充，将其全部选中，如图 12-84 所示。按 Delete 键将其删除，效果如图 12-85 所示。

（10）在"时间轴"面板中单击"文字_复制"图层，将该层中的图形全部选中，如图 12-86 所示。选择"修改 > 形状 > 将线条转换为填充"命令，将轮廓线转换为填充，效果如图 12-87 所示。

图 12-83　　　　　图 12-84　　　　　图 12-85　　　　　图 12-86　　　　　图 12-87

（11）在"时间轴"面板中创建新图层并将其命名为"渐变色 2"，并将该图层拖曳到"文字_复制"图层的下方，如图 12-88 所示。

（12）将"库"面板中的图形元件"渐变色"拖曳到"渐变色 2"图层的舞台窗口中。选择"任意变形"工具，旋转"渐变色"实例的角度，效果如图 12-89 所示。

（13）选中"渐变色 2"图层的第 90 帧，按 F6 键，插入关键帧。在舞台窗口将"渐变色"实例拖曳到适当的位置，如图 12-90 所示。

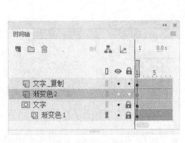 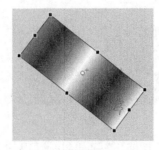 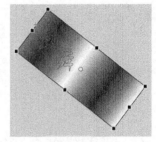

图 12-88　　　　　　　　　图 12-89　　　　　　　　　图 12-90

（14）用鼠标右键单击图层"渐变色 2"图层的第 1 帧，在弹出的快捷菜单中选择"创建传统补间"命令，生成传统动作补间动画。用鼠标右键单击"文字_复制"图层的图层名称，在弹出的快捷菜单中选择"遮罩层"命令，将"文字_复制"图层设为遮罩的层，"渐变色 2"图层设为被遮罩的层，"时间轴"面板如图 12-91 所示。舞台窗口中的文字效果如图 12-92 所示。

图 12-91

（15）单击舞台窗口左上方的"场景 1"图标 ，进入"场景 1"的舞台窗口。将"图层_1"重命名为"底图"。按 Ctrl+R 组合键，在弹出的"导入"对话框中，选择云盘中的"Ch12 > 素材 > 制作艺术动态标志 > 01"文件，单击"打开"按钮，文件被导入到舞台窗口中，如图 12-93 所示。

（16）在"时间轴"面板中创建新图层并将其命名为"文字"。将"库"面板中的影片剪辑"文字动"拖曳到舞台窗口中，并放置在适当的位置，如图 12-94 所示。艺术动态标志制作完成，按 Ctrl+Enter 组合键即可查看效果。

图 12-92

图 12-93

图 12-94

12.5 课堂练习——制作电子竞技动态标志

🔗 练习知识要点

　　使用"打开"命令，打开素材文件；使用"转换为元件"命令，将图形转换为图形元件；使用"创建传统补间"命令，生成补间动画；使用"属性"面板，调整实例的透明度。效果如图 12-95所示。

图 12-95

扫码观看
本案例视频

◎ 效果所在位置

　　云盘/Ch12/效果/制作电子竞技动态标志. fla。

12.6 课后习题——制作音乐动态标志

🔗 习题知识要点

　　使用"打开"命令，打开素材文件；使用"转换为元件"命令，将图形转换为元件；使用"创建传统补间"命令，制作补间动画。效果如图 12-96 所示。

扫码观看
本案例视频

图 12-96

 效果所在位置

云盘/Ch12/效果/制作音乐动态标志.fla。

13

第13章
社交媒体动图设计

伴随微信、微博等社交媒体的发展，其动图设计也有了更丰富的表现，当中最为典型的是微信公众号。在微信公众号中，动画表现力强的动图为用户带来更好的视觉体验，达到了品牌的传播与维护的目的。本章将对社交媒体动图进行简单的介绍，并从实战的角度对社交媒体动图设计的案例进行分析、设计以及制作。通过对本章的学习，读者可以对社交媒体动图设计有一个基本的认识，并能快速掌握设计制作社交媒体常用动图的方法。

课堂学习目标

- ✔ 了解社交媒体动态的功能
- ✔ 了解社交媒体动态的类别
- ✔ 掌握社交媒体动态的设计思路
- ✔ 掌握社交媒体动态的制作方法和技巧

13.1　社交媒体动图设计概述

社交媒体动图设计即在微信、微博等社交媒体中针对相关配图进行动态设计。社交媒体图片的动态设计通常运用在引导关注、文章配图以及二维码等需要吸引用户的配图上。如图 13-1 所示，左侧为微信公众号饿了么动态引导关注，中间为微信公众号国际体验设计委员会 IXDC 设计文章动态配图，右侧为微信公众号谷歌开发者动态二维码。

图 13-1

13.2　制作美食类微信公众号横版海报

13.2.1　案例分析

现如今，快节奏的生活已成为都市人的常态，而快餐的出现为人们的生活提供了新的用餐方式。快餐以省时、方便、可以充当正餐等特点，迅速成为一种生活方式。本例是为美食类微信公众号制作横版海报，要求表现出快餐饮食的重要元素，体现出快餐的特点和优势。

蓝色与黄色相互衬托，给人舒适惬意、心情愉悦的感觉。在设计过程中，通过软件对文字进行有趣的动画设计，目的是活跃海报的气氛。再通过食物和装饰元素充分体现出周末吃快餐的放纵感。

本例将使用文本工具，输入文字；使用"新建元件"命令，制作图形元件和影片剪辑元件；使用"属性"面板，为影片剪辑元件添加投影效果；使用钢笔工具，绘制装饰图形；使用"创建传统补间"命令，制作动画效果；使用"属性"面板，调整元件的透明度。

13.2.2　案例设计

本案例的效果如图 13-2 所示。

扫码观看
本案例视频

图 13-2

13.2.3 案例制作

1. 新建文档并制作图形元件

（1）在欢迎页的"详细信息"选项组中，将"宽"项设为 900，"高"项设为 500，"平台类型"选项的下拉列表中选择"ActionScript 3.0"选项，单击"创建"按钮，完成文档的创建。按 Ctrl+J 组合键，弹出"文档设置"对话框，将"舞台颜色"设为淡绿色（#6BF1EF）。单击"确定"按钮，完成舞台颜色的修改。

（2）按 Ctrl+F8 组合键，弹出"创建新元件"对话框。在"名称"项的文本框中输入"文字 1"，在"类型"选项下拉列表中选择"图形"选项，如图 13-3 所示。单击"确定"按钮，新建图形元件"文字 1"，如图 13-4 所示。舞台窗口也随之转换为图形元件的舞台窗口。

图 13-3

（3）选择"文本"工具 T，在文本工具"属性"面板中进行设置。在舞台窗口中适当的位置输入大小为 74、字体为"方正兰亭纤黑简体"的黄色（#FFEF00）文字，文字效果如图 13-5 所示。

（4）按 Ctrl+F8 组合键，弹出"创建新元件"对话框。在"名称"项的文本框中输入"文字 2"，在"类型"选项下拉列表中选择"影片剪辑"选项。单击"确定"按钮，新建影片剪辑元件"文字 2"，如图 13-6 所示。舞台窗口也随之转换为影片剪辑元件的舞台窗口。

图 13-4　　　　　　　　图 13-5　　　　　　　　图 13-6

（5）选择"文本"工具 T，在文本工具"属性"面板中进行设置。在舞台窗口中适当的位置输入大小为 114、字母间距为-2、字体为"方正正大黑简体"的白色文字，文字效果如图 13-7 所示。

（6）按 Ctrl+F8 组合键，弹出"创建新元件"对话框。在"名称"项的文本框中输入"文字 3"，在"类型"选项下拉列表中选择"图形"选项。单击"确定"按钮，新建图形元件"文字 3"。舞台窗口也随之转换为图形元件的舞台窗口。

（7）选择"文本"工具 T，在文本工具"属性"面板中进行设置。在舞台窗口中适当的位置输入大小为 46、字母间距为–4、字体为"方正兰亭细黑简体"的深灰色（#4C3C10）文字，文字效果如图 13-8 所示。

图 13-7   图 13-8

（8）按 Ctrl+F8 组合键，弹出"创建新元件"对话框。在"名称"项的文本框中输入"圆动"，在"类型"选项下拉列表中选择"影片剪辑"选项。单击"确定"按钮，新建影片剪辑元件"圆动"，如图 13-9 所示。舞台窗口也随之转换为影片剪辑元件的舞台窗口。

（9）选择"基本椭圆"工具 ◎，在工具箱中将"笔触颜色"设为无，"填充颜色"设为黄色（#FFEF00）。按住 Shift 键的同时，在舞台窗口中绘制一个圆形，如图 13-10 所示。

（10）保持圆形的选取状态，在椭圆图元"属性"面板中，将"宽"项和"高"项均设为 254，将"X"项和"Y"项均设为–127，如图 13-11 所示，效果如图 13-12 所示。

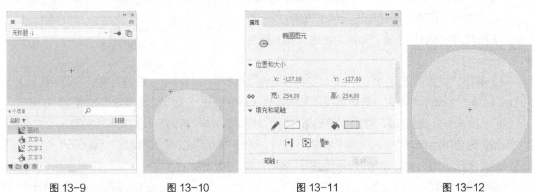

图 13-9   图 13-10   图 13-11   图 13-12

（11）按 F8 键，在弹出的"转换为元件"对话框中进行设置，如图 13-13 所示。单击"确定"按钮，将圆形转换为图形元件，如图 13-14 所示。

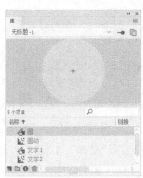

图 13-13   图 13-14

（12）分别选中"图层_1"的第 30 帧、第 60 帧，按 F6 键，插入关键帧。选中"图层_1"的第 30 帧，按 Ctrl+T 组合键，弹出"变形"面板，将"缩放宽度"项和"缩放高度"项均设为 90，如图 13-15 所示，效果如图 13-16 所示。

（13）分别用鼠标右键单击"图层_1"的第 1 帧、第 30 帧，在弹出的快捷菜单中选择"创建传统补间"命令，生成传统补间动画，如图 13-17 所示。

2. 制作场景动画

（1）单击舞台窗口左上方的"场景 1"图标 ，进入"场景 1"的舞台窗口。将"图层_1"重命名为"底图"。按 Ctrl+R 组合键，在弹出的"导入"对话框中，选择云盘中的"Ch13 > 素材 > 制作美食类微信公众号横版海报 > 01"文件，单击"打开"按钮，文件被导入到舞台窗口中，如图 13-18 所示。选中"底图"图层的第 90 帧，按 F5 键，插入普通帧。

（2）在"时间轴"面板中创建新图层并将其命名为"圆形"。将"库"面板中的影片剪辑元件"圆动"拖曳到舞台窗口中，并放置在适当的位置，如图 13-19 所示。

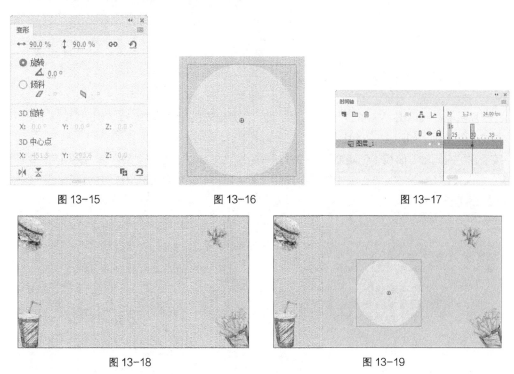

图 13-15　　　　　　　　图 13-16　　　　　　　　图 13-17

图 13-18　　　　　　　　　　　　图 13-19

（3）在"时间轴"面板中创建新图层并将其命名为"文字 1"。将"库"面板中的图形元件"文字 1"拖曳到舞台窗口中，并放置在适当的位置，如图 13-20 所示。选中"文字 1"图层的第 15 帧，按 F6 键，插入关键帧。

（4）选中"文字 1"图层的第 1 帧，在舞台窗口中将"文字 1"实例垂直向上拖曳到适当的位置，如图 13-21 所示。

（5）保持"文字 1"实例的选取状态。在图形"属性"面板中，选择"色彩效果"选项组，在"样式"选项下拉列表中选择"Alpha"选项，将"Alpha"数量设为 0，如图 13-22 所示。舞台窗口中的效果如图 13-23 所示。

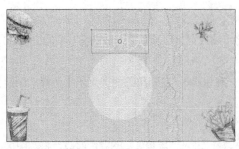

图 13-20

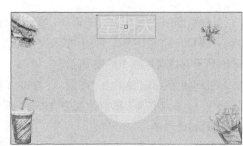

图 13-21

图 13-22

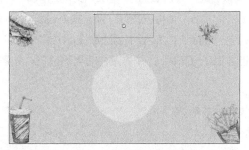

图 13-23

（6）用鼠标右键单击"文字 1"图层的第 1 帧，在弹出的快捷菜单中选择"创建传统补间"命令，生成传统补间动画，如图 13-24 所示。

（7）在"时间轴"面板中创建新图层并将其命名为"文字 2"。选中"文字 2"图层的第 5 帧，按 F6 键，插入关键帧。将"库"面板中的图形元件"文字 2"拖曳到舞台窗口中，并放置在适当的位置，如图 13-25 所示。

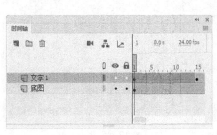

图 13-24

图 13-25

（8）保持"文字 2"实例的选取状态。在"属性"面板中单击"滤镜"选项组中的"添加滤镜"按钮 **+** ，在弹出的列表中选择"投影"选项，各选项的设置如图 13-26 所示，效果如图 13-27 所示。

（9）选中"文字 2"图层的第 20 帧，按 F6 键，插入关键帧。选中"文字 2"图层的第 5 帧，在舞台窗口中选中"文字 2"实例。在图形"属性"面板中，选择"色彩效果"选项组，在"样式"选项下拉列表中选择"Alpha"选项，将"Alpha"数量设为 0，如图 13-28 所示。舞台窗口中的效果如图 13-29 所示。

图 13-26

图 13-27

图 13-28

图 13-29

（10）用鼠标右键单击"文字 2"图层的第 5 帧，在弹出的快捷菜单中选择"创建传统补间"命令，生成传统补间动画。

（11）在"时间轴"面板中创建新图层并将其命名为"文字 3"。选中"文字 3"图层的第 10 帧，按 F6 键，插入关键帧。将"库"面板中的图形元件"文字 3"拖曳到舞台窗口中，并放置在适当的位置，如图 13-30 所示。选中"文字 3"图层的第 20 帧，按 F6 键，插入关键帧。

（12）选中"文字 3"图层的第 10 帧，在舞台窗口中将"文字 3"实例垂直向下拖曳到适当的位置，如图 13-31 所示。在图形"属性"面板中，选择"色彩效果"选项组，在"样式"选项下拉列表中选择"Alpha"选项，将"Alpha"数量设为 0。

图 13-30

图 13-31

（13）用鼠标右键单击"文字 3"图层的第 10 帧，在弹出的快捷菜单中选择"创建传统补间"命令，生成传统补间动画。

3．制作装饰动画

（1）在"时间轴"面板中创建新图层并将其命名为"左装饰"。选中"左装饰"图层的第 10 帧，按 F6 键，插入关键帧。选择"钢笔"工具 ✎，在钢笔工具"属性"面板中，将"笔触颜色"设为白色，"笔触"项设为 4，"端点"选项设为"无"，单击"对象绘制模式打开"按钮 ◙，其他选项的设置如图 13-32 所示。在舞台窗口中绘制一条开放路径，如图 13-33 所示。

（2）选择"选择"工具 ▶，选中绘制的路径，如图 13-34 所示。按 F8 键，在弹出的"转换为元件"对话框中进行设置，如图 13-35 所示。单击"确定"按钮，将选中的路径转换为图形元件"装饰"。

（3）选中"左装饰"图层的第 20 帧，按 F6 键，插入关键帧。选中"左装饰"图层的第 10 帧，在舞台窗口中选中"装饰"实例，在图形"属性"面板中，选择"色彩效果"选项组，在"样式"选项下拉列表中选择"Alpha"选项，将"Alpha"数量设为 0，如图 13-36 所示。舞台窗口中的效果如图 13-37 所示。

图 13-32

图 13-33

图 13-34

图 13-35

图 13-36

图 13-37

（4）用鼠标右键单击"左装饰"图层的第 10 帧，在弹出的快捷菜单中选择"创建传统补间"命令，生成传统补间动画。

（5）在"时间轴"面板中创建新图层并将其命名为"右装饰"。选中"右装饰"图层的第 10 帧，按 F6 键，插入关键帧。将"库"面板中的图形元件"装饰"拖曳到舞台窗口中，并放置在适当的位置，如图 13-38 所示。选择"修改 > 变形 > 水平翻转"命令，将"装饰"实例水平翻转，效果如图 13-39 所示。

图 13-38   图 13-39

（6）选中"右装饰"图层的第 20 帧，按 F6 键，插入关键帧。选中"右装饰"图层的第 10 帧，在舞台窗口中选中"装饰"实例。在图形"属性"面板中，选择"色彩效果"选项组，在"样式"选项下拉列表中选择"Alpha"选项，将"Alpha"数量设为 0，如图 13-40 所示。舞台窗口中的效果如图 13-41 所示。

图 13-40   图 13-41

（7）用鼠标右键单击"右装饰"图层的第 10 帧，在弹出的快捷菜单中选择"创建传统补间"命令，生成传统补间动画。美食类微信公众号横版海报制作完成，按 Ctrl+Enter 组合键即可查看效果，如图 13-42 所示。

图 13-42

13.3 制作社交媒体类微信公众号首图

13.3.1 案例分析

读书可以使人学知识、明礼义，可以温暖人心、滋养心灵。本读书类社交媒体微信公众号旨在分享有深度的好文，品味有内涵的好书，在潜移默化中培养读者的气质与涵养。本例是为该公众号制作首图，要求在体现出主题内容的同时能够吸引观看者的目光，引起观看者阅读的欲望。

在设计制作过程中，通过紫色背景搭配人物和书籍的效果来营造出愉快和神秘的阅读气氛；通过文字的出场动画效果和装饰元素动画的运用体现出活动主题；画面中沉浸在阅读中的动漫人物体现出本公众号的主旨及书籍中的乐趣。

本例将使用"导入到舞台"命令，将素材导入到舞台窗口；使用"新建元件"命令和文本工具，制作图形元件；使用"创建传统补间"命令，制作文字动画；使用"属性"面板，调整实例的透明度；使用"变形"面板，调整实例的大小。

13.3.2 案例设计

本案例的设计效果如图 13-43 所示。

扫码观看
本案例视频

图 13-43

13.3.3 案例制作

1. 新建文档并制作图形元件

（1）在欢迎页的"详细信息"选项组中，将"宽"项设为900，"高"项设为383，"平台类型"选项的下拉列表中选择"ActionScript 3.0"选项，单击"创建"按钮，完成文档的创建。按 Ctrl+J 组合键，弹出"文档设置"对话框，将"舞台颜色"设为淡蓝色（#9380FE），单击"确定"按钮，完成舞台颜色的修改。

（2）按 Ctrl+F8 组合键，弹出"创建新元件"对话框。在"名称"项的文本框中输入"文字 1"，在"类型"选项下拉列表中选择"图形"选项，如图 13-44 所示。单击"确定"按钮，新建图形元件"文字 1"，如图 13-45 所示。舞台窗口也随之转换为图形元件的舞台窗口。

（3）选择"文本"工具 T，在文本工具"属性"面板中进行设置。在舞台窗口中适当的位置输入大小为70、字体为"方正粗圆简体"的白色文字，文字效果如图 13-46 所示。

图 13-44   图 13-45   图 13-46

（4）按 Ctrl+F8 组合键，弹出"创建新元件"对话框。在"名称"项的文本框中输入"文字 2"，在"类型"选项下拉列表中选择"图形"选项。单击"确定"按钮，新建图形元件"文字 2"，如图 13-47 所示。舞台窗口也随之转换为图形元件的舞台窗口。

（5）选择"文本"工具 T ，在文本工具"属性"面板中进行设置。在舞台窗口中适当的位置输入大小为 60、字体为"方正粗圆简体"的白色文字，文字效果如图 13-48 所示。

（6）按 Ctrl+F8 组合键，弹出"创建新元件"对话框。在"名称"项的文本框中输入"文字 3"，在"类型"选项下拉列表中选择"图形"选项。单击"确定"按钮，新建图形元件"文字 3"，如图 13-49 所示。舞台窗口也随之转换为图形元件的舞台窗口。

图 13-47   图 13-48   图 13-49

（7）选择"基本矩形"工具 ，在工具箱中将"笔触颜色"设为无，"填充颜色"设为紫色（#6239B7）。在舞台窗口中绘制一个矩形，如图 13-50 所示。保持矩形的选取状态，在矩形图元"属性"面板中，将"宽"项设为 180，"高"项设为 48，"X"项和"Y"项均设为 0，"矩形边角半径"项设为 30，如图 13-51 所示，效果如图 13-52 所示。

（8）在"时间轴"面板中创建新图层"图层_2"，如图 13-53 所示。选择"文本"工具 T ，在文本工具"属性"面板中进行设置。在舞台窗口中适当的位置输入大小为 26、字母间距为 5、字体为"方正粗圆简体"的白色文字，文字效果如图 13-54 所示。

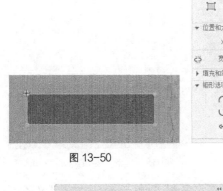

图 13-50　　　　　　　图 13-51　　　　　　　图 13-52

图 13-53　　　　　　　　　　　图 13-54

2. 制作场景动画

（1）单击舞台窗口左上方的"场景 1"图标，进入"场景 1"的舞台窗口。将"图层_1"
重命名为"底图"。按 Ctrl+R 组合键，在弹出的"导入"对话框中，选择云盘中的"Ch13 > 素材 > 制
作社交媒体类微信公众号首图 > 01"文件，单击"打开"按钮，文件被导入到舞台窗口中，如图 13-55
所示。选中"底图"图层的第 50 帧，按 F5 键，插入普通帧，如图 13-56 所示。

图 13-55　　　　　　　　　　　图 13-56

（2）在"时间轴"面板中创建新图层并将其命名为"文字 1"。将"库"面板中的图形元件"文
字 1"拖曳到舞台窗口中，并放置在适当的位置，如图 13-57 所示。

（3）选中"文字 1"图层的第 10 帧，按 F6 键，插入关键帧。选中"文字 1"图层的第 1 帧，在
舞台窗口中，将"文字 1"实例水平向右拖曳到适当的位置，如图 13-58 所示。

（4）在图形"属性"面板中，选择"色彩效果"选项组，在"样式"选项下拉列表中选择"Alpha"
选项，将"Alpha"数量设为 0，如图 13-59 所示。舞台窗口中的效果如图 13-60 所示。

（5）用鼠标右键单击"文字 1"图层的第 1 帧，在弹出的快捷菜单中选择"创建传统补间"命令，
生成传统补间动画。

图 13-57

图 13-58

图 13-59

图 13-60

（6）在"时间轴"面板中创建新图层并将其命名为"文字 2"。将"库"面板中的图形元件"文字 2"拖曳到舞台窗口中，并放置在适当的位置，如图 13-61 所示。

（7）选中"文字 2"图层的第 10 帧，按 F6 键，插入关键帧。选中"文字 2"图层的第 1 帧，在舞台窗口中，将"文字 2"实例水平向左拖曳到适当的位置，如图 13-62 所示。

图 13-61

图 13-62

（8）在图形"属性"面板中，选择"色彩效果"选项组，在"样式"选项下拉列表中选择"Alpha"选项，将"Alpha"数量设为 0，如图 13-63 所示。舞台窗口中的效果如图 13-64 所示。

图 13-63

图 13-64

（9）用鼠标右键单击"文字 2"图层的第 1 帧，在弹出的快捷菜单中选择"创建传统补间"命令，生成传统补间动画。

（10）在"时间轴"面板中创建新图层并将其命名为"文字 3"。将"库"面板中的图形元件"文字 3"拖曳到舞台窗口中，并放置在适当的位置，如图 13-65 所示。

（11）分别选中"文字 3"图层的第 10 帧、第 20 帧、第 30 帧和第 40 帧，按 F6 键，插入关键帧，如图 13-66 所示。

图 13-65   图 13-66

（12）选中"文字 3"图层的第 10 帧，按 Ctrl+T 组合键，弹出"变形"面板，将"缩放宽度"项和"缩放高度"项均设为 120，如图 13-67 所示，效果如图 13-68 所示。用相同的的方法设置"文字 3"图层的第 30 帧。

图 13-67   图 13-68

（13）分别用鼠标右键单击"文字 3"图层的第 1 帧、第 10 帧、第 20 帧、第 30 帧，在弹出的快捷菜单中选择"创建传统补间"命令，生成传统补间动画，如图 13-69 所示。社交媒体类微信公众号首图制作完成，按 Ctrl+Enter 组合键即可查看效果，如图 13-70 所示。

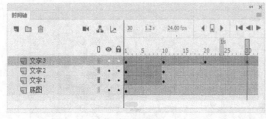

图 13-69   图 13-70

13.4　制作社交媒体类微信公众号文章配图

13.4.1　案例分析

"小雪"是反映气候特征的节气。表达了此时我国的太行山出现初雪，对植物包括花卉产生很大影响等时节特征。本例是制作公众号文章配图，要求表现出小雪的节气特点及特色。

在制作过程中，使用实物照片作为背景烘托出节气氛围、装饰画面，再添加标题文字和宣传语体现文章的主题。在表现形式上以简单的文字动画效果来增强画面的韵味和美感。

本例将使用文本工具，输入文字；使用任意变形工具，改变图形的大小；使用"转换为元件"命令，制作图形元件；使用"动作"面板，设置脚本语言。

13.4.2　案例设计

本案例的设计效果如图 13-71 所示。

图 13-71

扫码观看
本案例视频

13.4.3　案例制作

1. 新建文档并制作文字图形元件

（1）在欢迎页的"详细信息"选项组中，将"宽"项设为 1080，"高"项设为 1080，"平台类型"选项的下拉列表中选择"ActionScript 3.0"选项，单击"创建"按钮，完成文档的创建。

（2）按 Ctrl+F8 组合键，弹出"创建新元件"对话框。在"名称"项的文本框中输入"文字 1"，在"类型"选项下拉列表中选择"图形"选项，如图 13-72 所示。单击"确定"按钮，新建图形元件"文字 1"，如图 13-73 所示。舞台窗口也随之转换为图形元件的舞台窗口。

（3）选择"文本"工具 T，在文本工具"属性"面板中进行设置。在舞台窗口中适当的位置输入大小为 189、字体为"方正清刻本悦宋简体"的黑色文字，文字效果如图 13-74 所示。用相同的方法制作图形元件"文字 2"和"文字 3"，如图 13-75 和图 13-76 所示。

（4）选择"文件 > 导入 > 导入到库"命令，在弹出的"导入到库"对话框中，选择云盘中的"Ch13 >素材 > 制作社交媒体类微信公众号文章配图 > 01 ~ 03"文件。单击"打开"按钮，文件被导入到"库"面板中，如图 13-77 所示。

图 13-72

图 13-73

图 13-74   图 13-75   图 13-76

（5）在"库"面板中新建一个图形元件"文字 4"，如图 13-78 所示，舞台窗口也随之转换为图形元件的舞台窗口。将"库"面板中的位图"02"拖曳到舞台窗口中，并放置在适当的位置，如图 13-79 所示。用相同的方法将"03"文件制作成图形元件"文字 5"，如图 13-80 所示。

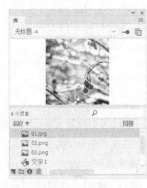

图 13-77   图 13-78   图 13-79   图 13-80

2. 制作雪花动画

（1）按 Ctrl+J 组合键，弹出"文档设置"对话框，将"舞台颜色"设为黄色（#FFCC00），单击"确定"按钮，完成舞台颜色的修改。在"库"面板中新建一个图形元件"雪花"，如图 13-81 所示，舞台窗口也随之转换为图形元件的舞台窗口。

（2）选择"窗口 > 颜色"命令，弹出"颜色"面板。单击"笔触颜色"按钮 🖊 ▇，将其设为无。单击"填充颜色"按钮 🪣 ▢，在"颜色类型"选项的下拉列表中选择"径向渐变"选项，在色带上将左边的颜色控制点设为白色，将右边的颜色控制点设为白色，将"A"项设为 0，生成渐变色，如图 13-82 所示。

（3）选择"椭圆"工具 ⬭，单击工具箱下方的"对象绘制"按钮 ▣，在舞台窗口中绘制一个圆形。选择"选择"工具 ▶，选中绘制的圆形，在绘制对象"属性"面板中，将"宽"项和"高"项均设为 9.7，"X"项和"Y"项均设为 0，效果如图 13-83 所示。

图 13-81

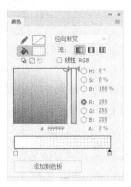

图 13-82

图 13-83

（4）在"库"面板中新建一个影片剪辑元件"雪花飘动"，如图 13-84 所示，舞台窗口也随之转换为影片剪辑元件的舞台窗口。

（5）在"图层_1"上单击鼠标右键，在弹出的快捷菜单中选择"添加传统运动引导层"命令，为"图层_1"添加运动引导层，如图 13-85 所示。

图 13-84

图 13-85

（6）选中引导层的第 1 帧，选择"钢笔"工具 ✎，在钢笔工具"属性"面板中，将"笔触颜色"设为黑色，"笔触"项设为 1。在舞台窗口中绘制一条曲线，如图 13-86 所示。选中引导层的第 40 帧，按 F5 键，插入普通帧。

（7）选中"图层_1"的第 1 帧，将"库"面板中的图形元件"雪花"拖曳到舞台窗口中，并放置在曲线的上方端点上，如图 13-87 所示。

（8）选中"图层_1"的第 40 帧，按 F6 键，插入关键帧。在舞台窗口中将"雪花"实例拖曳到曲线的下方端点上，如图 13-88 所示。

（9）用鼠标右键单击"图层_1"的第 1 帧，在弹出的快捷菜单中选择"创建传统补间"命令，生成传统补间动画。

图 13-86　　　　　　　　　　图 13-87　　　　　　　　　　图 13-88

3. 制作文字动画

（1）单击舞台窗口左上方的"场景 1"图标 场景 1，进入"场景 1"的舞台窗口。将"图层_1"重命名为"底图"。将"库"面板中的位图"01"拖曳到舞台窗口的中心位置，如图 13-89 所示。选中"底图"图层的第 90 帧，按 F5 键，插入普通帧。

（2）在"时间轴"面板中创建新图层并将其命名为"文字 1"。将"库"面板中的图形元件"文字1"拖曳到舞台窗口中，并放置在适当的位置，如图 13-90 所示。

（3）在"时间轴"面板中创建新图层并将其命名为"文字 2"。将"库"面板中的图形元件"文字2"拖曳到舞台窗口中，并放置在适当的位置，如图 13-91 所示。

图 13-89　　　　　　　　　　图 13-90　　　　　　　　　　图 13-91

（4）选中"文字 1"图层的第 10 帧，按 F6 键，插入关键帧。选中"文字 1"图层的第 1 帧，在舞台窗口中将"文字 1"实例垂直向上拖曳到适当的位置，如图 13-92 所示。在图形"属性"面板中，选择"色彩效果"选项组，在"样式"选项下拉列表中选择"Alpha"选项，将"Alpha"数量设为 0，如图 13-93 所示。舞台窗口中的效果如图 13-94 所示。

图 13-92　　　　　　　　　　图 13-93　　　　　　　　　　图 13-94

（5）用鼠标右键单击"文字 1"图层的第 1 帧，在弹出的快捷菜单中选择"创建传统补间"命令，生成传统补间动画。

（6）选中"文字 2"图层的第 10 帧，按 F6 键，插入关键帧。选中"文字 2"图层的第 1 帧，在舞台窗口中将"文字 2"实例垂直向下拖曳到适当的位置，如图 13-95 所示。在图形"属性"面板中，选择"色彩效果"选项组，在"样式"选项下拉列表中选择"Alpha"选项，将"Alpha"数量设为 0，如图 13-96 所示。舞台窗口中的效果如图 13-97 所示。

图 13-95　　　　　　　　　　图 13-96　　　　　　　　　　图 13-97

（7）用鼠标右键单击"文字 2"图层的第 1 帧，在弹出的快捷菜单中选择"创建传统补间"命令，生成传统补间动画。

（8）在"时间轴"面板中创建新图层并将其命名为"文字 3"。选中"文字 3"图层的第 10 帧，按 F6 键，插入关键帧。将"库"面板中的图形元件"文字 3"拖曳到舞台窗口中，并放置在适当的位置，如图 13-98 所示。

（9）选中"文字 3"图层的第 20 帧，按 F6 键，插入关键帧。选中"文字 3"图层的第 10 帧，在舞台窗口中选中"文字 3"实例，在图形"属性"面板中，选择"色彩效果"选项组，在"样式"选项下拉列表中选择"Alpha"选项，将"Alpha"数量设为 0，如图 13-99 所示。舞台窗口中的效果如图 13-100 所示。

图 13-98　　　　　　　　　　图 13-99

（10）用鼠标右键单击"文字 3"图层的第 10 帧，在弹出的快捷菜单中选择"创建传统补间"命令，生成传统补间动画。

（11）在"时间轴"面板中创建新图层并将其命名为"文字 4"。选中"文字 4"图层的第 10 帧，按 F6 键，插入关键帧。将"库"面板中的图形元件"文字 4"拖曳到舞台窗口中，并放置在适当的位置，如图 13-101 所示。

（12）选中"文字 4"图层的第 20 帧，按 F6 键，插入关键帧。选中"文字 4"图层的第 10 帧，在舞台窗口中将"文字 4"实例水平向左拖曳到适当的位置，如图 13-102 所示。在图形"属性"面板中，选择"色彩效果"选项组，在"样式"选项下拉列表中选择"Alpha"选项，将"Alpha"数量设为 0。舞台窗口中的效果如图 13-103 所示。

（13）用鼠标右键单击"文字 4"图层的第 10 帧，在弹出的快捷菜单中选择"创建传统补间"命令，生成传统补间动画。

图 13-100　　　　　　图 13-101　　　　　　图 13-102　　　　　　图 13-103

（14）在"时间轴"面板中创建新图层并将其命名为"文字 5"。选中"文字 5"图层的第 10 帧，
按 F6 键，插入关键帧。将"库"面板中的图形元件"文字 5"拖曳到舞台窗口中，并放置在适当的
位置，如图 13-104 所示。

（15）选中"文字 5"图层的第 20 帧，按 F6 键，插入关键帧。选中"文字 5"图层的第 10 帧，
在舞台窗口中将"文字 5"实例水平向右拖曳到适当的位置，如图 13-105 所示。在图形"属性"面
板中，选择"色彩效果"选项组，在"样式"选项下拉列表中选择"Alpha"选项，将"Alpha"数
量设为 0。舞台窗口中的效果如图 13-106 所示。

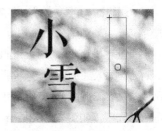

图 13-104　　　　　　　　图 13-105　　　　　　　　图 13-106

（16）用鼠标右键单击"文字 5"图层的第 10 帧，在弹出的快捷菜单中选择"创建传统补间"命
令，生成传统补间动画。

4. 添加动作脚本

（1）用鼠标右键单击"库"面板中的影片剪辑元件"雪花飘动"，在弹出的快捷菜单中选择"属
性"命令，弹出"元件属性"对话框。展开"高级"选项，勾选"ActionScript"选项组中的"为
ActionScript 导出"复选框，在"类"项的文本框中输入"xh"，如图 13-107 所示。单击"确定"
按钮，弹出提示对话框。单击"确定"按钮，完成元件属性的修改，"库"面板如图 13-108 所示。

图 13-107　　　　　　　　　　　　　　　　　图 13-108

（2）在"时间轴"面板中创建新图层并将其命名为"动作脚本"。选中"动作脚本"弹出的第 1 帧，选择"窗口 > 动作"命令，弹出"动作"面板，在"脚本窗口"中设置脚本语言，如图 13-109 所示。设置好动作脚本后，关闭"动作"面板。在"动作脚本"图层的第 1 帧上显示出一个标记"a"。社交媒体类微信公众号文章配图制作完成，按 Ctrl+Enter 组合键即可查看效果，如图 13-110 所示。

图 13-109　　　　　　　　　　　　　　　　　　　図 13-110

13.5 课堂练习——制作社交媒体类微信公众号关注页

练习知识要点

使用"导入到舞台"命令，导入素材；使用文本工具，输入文字；使用"分离"命令，将文字打散；使用"墨水瓶"工具，为文本添加描边；使用"颜料桶"工具，为文字填充颜色；使用"时间轴"面板，制作逐帧动画。效果如图 13-111 所示。

扫码观看
本案例视频

图 13-111

效果所在位置

云盘/Ch13/效果/制作社交媒体类微信公众号关注页.fla。

13.6 课后习题——制作社交媒体类微信公众号日签

习题知识要点

使用"导入到舞台"命令，导入素材；使用椭圆工具、"柔化填充边缘"命令和"创建补间形状"

命令，制作月亮发光效果。效果如图 13-112 所示。

扫码观看
本案例视频

图 13-112

 效果所在位置

云盘/Ch13/效果/制作社交媒体类微信公众号日签. fla。

第 14 章
动态海报设计

动态海报的产生得益于新媒体的发展。动态海报打破了传统的海报平面二维的展现形式，运用崭新的动态图形为观众带来更为深刻的视觉体验与感受，保证观众可以在更短的时间内接收海报中的信息。本章对动态海报进行简单的介绍，并从实战的角度对动态海报的案例分析、案例设计以及案例制作进行系统讲解与演练。通过对本章的学习，读者可以对动态海报设计有一个基本的认识，并快速掌握设计制作常用动态海报的方法。

课堂学习目标

- ✔ 了解动态海报的功能
- ✔ 了解动态海报的特点
- ✔ 理解动态海报的设计思路
- ✔ 掌握动态海报的制作方法
- ✔ 掌握动态海报的应用技巧

14.1　动态海报设计概述

　　动态海报指在静态海报的基础之上，对海报进行有目的的动态变化。优秀的动态海报可以将海报信息与动态表现很好地融合，令信息可以在短时间内让观众接收，并为观众带来全新的视觉体验。如图 14-1 所示，左侧为京东到家宣传动态海报，中间为亲爱的客栈节目宣传动态海报，右侧为星巴克宣传动态海报。

图 14-1

14.2　制作节日类动态海报

14.2.1　案例分析

　　春节是我国民间最隆重、最热闹的一个传统节日。本例的春节海报要表现出春节喜庆欢闹的气氛，把吉祥和祝福送给观者。

　　在制作过程中，使用红色的背景烘托出热闹喜庆的氛围，再添加新春祝福文字和鼓图案，体现出锣鼓喧天、热闹非凡的春节特色。在表现形式上，由打鼓动画的舞台效果，增强画面的喜庆和活泼感。

　　本例将使用"导入到库"命令，导入素材文件；使用"转换为元件"命令，将图像转换为图形元件；使用"变形"面板、"属性"面板和"创建传统补间"命令，制作敲鼓动画。

14.2.2　案例设计

本案例的设计效果如图 14-2 所示。

扫码观看
本案例视频

图 14-2

14.2.3　案例制作

（1）在欢迎页的"详细信息"选项组中，将"宽"项设为 1242，"高"项设为 2208，"平台类型"选项的下拉列表中选择"ActionScript 3.0"选项，单击"创建"按钮，完成文档的创建。

（2）选择"文件 > 导入 > 导入到库"命令，在弹出的"导入到库"对话框中，选择云盘中的"Ch14 > 素材 > 制作节日类动态海报 > 01 ~ 03"文件，单击"打开"按钮，将选中的文件导入到"库"面板中，如图 14-3 所示。

（3）将"图层_1"重命名为"底图"。将"库"面板中的位图"01"拖曳到舞台窗口的中心位置，如图 14-4 所示。选中"底图"图层的第 20 帧，按 F5 键，插入普通帧。

（4）在"时间轴"面板中创建新图层并将其命名为"鼓棒 1"。将"库"面板中的位图"03"拖曳到舞台窗口中，并放置在适当的位置，如图 14-5 所示。

图 14-3

图 14-4

图 14-5

（5）保持图像的被选中状态，按 F8 键，在弹出的"转换为元件"对话框中进行设置，如图 14-6 所示。单击"确定"按钮，将其转换为图形元件，如图 14-7 所示。

图 14-6　　　　　　　　　　　　　　　　　　　　图 14-7

（6）分别选中"鼓棒 1"图层的第 5 帧，第 10 帧，按 F6 键，插入关键帧。选中"鼓棒 1"图层
的第 5 帧，在舞台窗口中将"鼓棒"实例拖曳到适当的位置，如图 14-8 所示。

（7）分别用鼠标右键单击"鼓棒 1"图层的第 1 帧、第 5 帧，在弹出的菜单中选择"创建传统补
间"命令，生成传统补间动画。

（8）在"时间轴"面板中创建新图层并将其命名为"响花 1"。选中"响花 1"图层的第 5 帧，
按 F6 键，插入关键帧。将"库"面板中的位图"02"拖曳到舞台窗口中，并放置在适当的位置，
如图 14-9 所示。

（9）保持图像的被选中状态，按 F8 键，在弹出的"转换为元件"对话框中进行设置，如图 14-10
所示。单击"确定"按钮，将其转换为图形元件。

图 14-8　　　　　　　　　　　图 14-9　　　　　　　　　　　图 14-10

（10）选中"响花 1"图层的第 8 帧，按 F6 键，插入关键帧。按 Ctrl+T 组合键，弹出"变形"
面板，将"缩放宽度"项和"缩放高度"项均设为 120，效果如图 14-11 所示。

（11）在图形"属性"面板中，选择"色彩效果"选项组，在"样式"选项下拉列表中选择"Alpha"
选项，将"Alpha"数量设为 0，如图 14-12 所示。舞台窗口中的效果如图 14-13 所示。

图 14-11　　　　　　　　　　　图 14-12　　　　　　　　　　　图 14-13

（12）用鼠标右键单击"响花 1"图层的第 5 帧，在弹出的菜单中选择"创建传统补间"命令，

生成传统补间动画。将"鼓棒 1"图层拖曳到"响花 1"图层的上方，如图 14-14 所示，效果如图 14-15 所示。

（13）在"时间轴"面板中创建新图层并将其命名为"鼓棒 2"。将"库"面板中的图形元件"鼓棒"拖曳到舞台窗口中，如图 14-16 所示。选择"修改 ＞ 变形 ＞ 水平翻转"命令，将其水平翻转，效果如图 14-17 所示。

（14）选择"选择"工具 ▶，在舞台窗口中将右侧的"鼓棒"实例拖曳到适当的位置，如图 14-18 所示。分别选中"鼓棒 2"图层的第 10 帧、第 15 帧、第 20 帧，按 F6 键，插入关键帧。选中"鼓棒 2"图层的第 15 帧，将舞台窗口中的"鼓棒"实例拖曳到适当的位置，如图 14-19 所示。

（15）分别用鼠标右键单击"鼓棒 2"图层的第 10 帧、第 15 帧，在弹出的菜单中选择"创建传统补间"命令，生成传统补间动画。

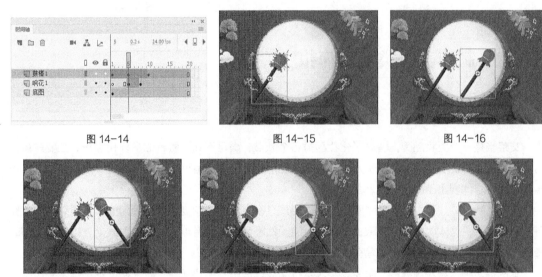

图 14-14　　　　　　　　图 14-15　　　　　　　　图 14-16

图 14-17　　　　　　　　图 14-18　　　　　　　　图 14-19

（16）在"时间轴"面板中创建新图层并将其命名为"响花 2"。选中"响花 2"图层的第 15 帧，按 F6 键，插入关键帧。将"库"面板中的图形元件"响花"拖曳到舞台窗口中，并放置在适当的位置，如图 14-20 所示。

（17）选中"响花 2"图层的第 18 帧，按 F6 键，插入关键帧。按 Ctrl+T 组合键，弹出"变形"面板，将"缩放宽度"项和"缩放高度"项均设为 120，效果如图 14-21 所示。在图形"属性"面板中，选择"色彩效果"选项组，在"样式"选项下拉列表中选择"Alpha"选项，将"Alpha"数量设为 0，舞台窗口中效果如图 14-22 所示。

图 14-20　　　　　　　　图 14-21　　　　　　　　图 14-22

（18）用鼠标右键单击"响花 2"图层的第 15 帧，在弹出的菜单中选择"创建传统补间"命令，生成传统补间动画。

（19）在"时间轴"面板中将"响花 2"图层拖曳到"鼓棒 2"图层的下方，如图 14-23 所示，效果如图 14-24 所示。节日类动态海报制作完成，按 Ctrl+Enter 组合键即可查看效果。

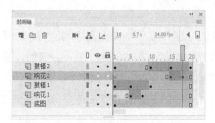

图 14-23

图 14-24

14.3　制作美妆类动态海报

14.3.1　案例分析

艾莱雅是一个美妆品牌，覆盖了化妆品类各个领域，满足不同消费者的多样化需求，主要产品包括美妆、护肤、香水等产品及美颜方案。该企业现推出新品系列唇釉，主推红雾色，需要为其制作宣传海报，要求体现出品牌特点及产品特色。

在设计制作的过程中，背景的颜色要给人热烈且富有激情的感受，使用简易的装饰点缀画面，显得大方而随意，且体现出产品萃取植物精华、纯天然轻盈滋润的特点。在表现形式上，由唇釉动画的舞台效果、文字动画的舞台效果增强画面的时尚感。

本例将使用"导入到舞台"命令，导入素材文件；使用"新建元件"命令和文本工具，制作图形元件；使用"创建传统补间"命令，制作文字动画；使用"变形"面板，调整实例大小。

14.3.2　案例设计

本案例的设计效果如图 14-25 所示。

扫码观看
本案例视频

图 14-25

14.3.3　案例制作

1．新建文档并制作图形元件

（1）在欢迎页的"详细信息"选项组中，将"宽"项设为1242，"高"项设为2208，"平台类型"选项的下拉列表中选择"ActionScript 3.0"选项，单击"创建"按钮，完成文档的创建。按 Ctrl+J 组合键，弹出"文档设置"对话框，将"舞台颜色"设为橘黄色（#FF9900），单击"确定"按钮，完成舞台颜色的修改。

（2）按 Ctrl+F8 组合键，弹出"创建新元件"对话框。在"名称"项的文本框中输入"文字1"，在"类型"选项下拉列表中选择"图形"选项，如图14-26所示。单击"确定"按钮，新建图形元件"文字1"，如图14-27所示。舞台窗口也随之转换为图形元件的舞台窗口。

图 14-26　　　　　　　　　　　　　　　　　　图 14-27

（3）选择"文本"工具 T，在文本工具"属性"面板中进行设置。在舞台窗口中适当的位置输入大小为115、字体为"方正兰亭细黑简体"的白色文字，文字效果如图14-28所示。

（4）在"库"面板中新建一个图形元件"文字2"，如图14-29所示。舞台窗口也随之转换为图形元件的舞台窗口。

（5）选择"文本"工具 T，在文本工具"属性"面板中进行设置。在舞台窗口中适当的位置输入大小为50、字体为"方正兰亭细黑简体"的白色文字，文字效果如图14-30所示。

图 14-28　　　　　　　　　图 14-29　　　　　　　　　图 14-30

（6）在"库"面板中新建一个图形元件"文字3"，如图14-31所示。舞台窗口也随之转换为图形元件的舞台窗口。

（7）选择"文本"工具 T，在文本工具"属性"面板中进行设置。在舞台窗口中适当的位置输入大小为 119、字体为"方正兰亭粗黑简体"的白色文字，文字效果如图 14-32 所示。用相同的方法制作图形元件"文字 4"，如图 14-33 所示。

图 14-31　　　　　　　　　图 14-32　　　　　　　　　图 14-33

（8）在"库"面板中新建一个图形元件"唇膏"，如图 14-34 所示。舞台窗口也随之转换为图形元件的舞台窗口。按 Ctrl+R 组合键，在弹出的"导入"对话框中，选择云盘中的"Ch14 > 素材 > 制作美妆类动态海报 > 02"文件，单击"打开"按钮，文件被导入到舞台窗口中，如图 14-35 所示。

2. 制作场景动画

（1）单击舞台窗口左上方的"场景 1"图标 场景 1，进入"场景 1"的舞台窗口。将"图层_1"重命名为"底图"，如图 14-36 所示。按 Ctrl+R 组合键，在弹出的"导入"对话框中，选择云盘中的"Ch14 > 素材 > 制作美妆类动态海报 > 01"文件，单击"打开"按钮，文件被导入到舞台窗口中，如图 14-37 所示。选中"底图"图层的第 90 帧，按 F5 键，插入普通帧。

图 14-34　　　　　　　　图 14-35　　　　　　　　图 14-36　　　　　　　　图 14-37

（2）在"时间轴"面板中创建新图层并将其命名为"文字 1"。将"库"面板中的图形元件"文字 1"拖曳到舞台窗口中，并放置在适当的位置，如图 14-38 所示。

（3）在"时间轴"面板中创建新图层并将其命名为"文字 2"。将"库"面板中的图形元件"文字 2"拖曳到舞台窗口中，并放置在适当的位置，如图 14-39 所示。

（4）选中"文字 1"图层的第 10 帧，按 F6 键，插入关键帧。选中"文字 1"图层的第 1 帧，在舞台窗口中将"文字 1"实例垂直向上拖曳到适当的位置，如图 14-40 所示。

图 14-38

图 14-39

图 14-40

（5）在图形"属性"面板中，选择"色彩效果"选项组，在"样式"选项下拉列表中选择"Alpha"选项，将"Alpha"数量设为 0，如图 14-41 所示。舞台窗口中的效果如图 14-42 所示。

图 14-41

图 14-42

（6）用鼠标右键单击"文字 1"图层的第 1 帧，在弹出的快捷菜单中选择"创建传统补间"命令，生成传统补间动画。

（7）选中"文字 2"图层的第 10 帧，按 F6 键，插入关键帧。选中"文字 2"图层的第 1 帧，在舞台窗口中将"文字 2"实例垂直向下拖曳到适当的位置，如图 14-43 所示。

（8）在图形"属性"面板中，选择"色彩效果"选项组，在"样式"选项下拉列表中选择"Alpha"选项，将"Alpha"数量设为 0，如图 14-44 所示。舞台窗口中的效果如图 14-45 所示。

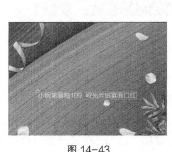

图 14-43

图 14-44

图 14-45

（9）用鼠标右键单击"文字 2"图层的第 1 帧，在弹出的快捷菜单中选择"创建传统补间"命令，生成传统补间动画。

（10）在"时间轴"面板中创建新图层并将其命名为"唇膏"。选中"唇膏"图层的第 10 帧，按 F6 键，插入关键帧。将"库"面板中的图形元件 "唇膏"拖曳到舞台窗口中，并放置在适当的位置，如图 14-46 所示。

（11）分别选中"唇膏"图层的第 30 帧、第 50 帧，按 F6 键，插入关键帧。选中"唇膏"图层的第 30 帧，按 Ctrl+T 组合键，弹出"变形"面板，将"缩放宽度"项和"缩放高度"项均设为 90，如图 14-47 所示，效果如图 14-48 所示。

图 14-46　　　　　　　　　　图 14-47　　　　　　　　　　图 14-48

（12）分别用鼠标右键单击"唇膏"图层的第 10 帧、第 30 帧，在弹出的快捷菜单中选择"创建传统补间"命令，生成传统补间动画。

（13）在"时间轴"面板中创建新图层并将其命名为"文字 3"。选中"文字 3"图层的第 20 帧，按 F6 键，插入关键帧。将"库"面板中的图形元件"文字 3"拖曳到舞台窗口中，并放置在适当的位置，如图 14-49 所示。

（14）在"时间轴"面板中创建新图层并将其命名为"文字 4"。选中"文字 4"图层的第 20 帧，按 F6 键，插入关键帧。将"库"面板中的图形元件"文字 4"拖曳到舞台窗口中，并放置在适当的位置，如图 14-50 所示。

图 14-49　　　　　　　　　　　　　　　图 14-50

（15）选中"文字 3"图层的第 30 帧，按 F6 键，插入关键帧。选中"文字 3"图层的第 20 帧，在舞台窗口中将"文字 3"实例水平向左拖曳到适当的位置，如图 14-51 所示。

（16）在图形"属性"面板中，选择"色彩效果"选项组，在"样式"选项下拉列表中选择"Alpha"选项，将"Alpha"数量设为 0，如图 14-52 所示。舞台窗口中的效果如图 14-53 所示。

（17）用鼠标右键单击"文字 3"图层的第 20 帧，在弹出的快捷菜单中选择"创建传统补间"命令，生成传统补间动画。

（18）选中"文字 4"图层的第 30 帧，按 F6 键，插入关键帧。选中"文字 4"图层的第 20 帧，在舞台窗口中将"文字 4"实例水平向右拖曳到适当的位置，如图 14-54 所示。

（19）在图形"属性"面板中，选择"色彩效果"选项组，在"样式"选项下拉列表中选择"Alpha"选项，将"Alpha"数量设为 0，如图 14-55 所示。舞台窗口中的效果如图 14-56 所示。

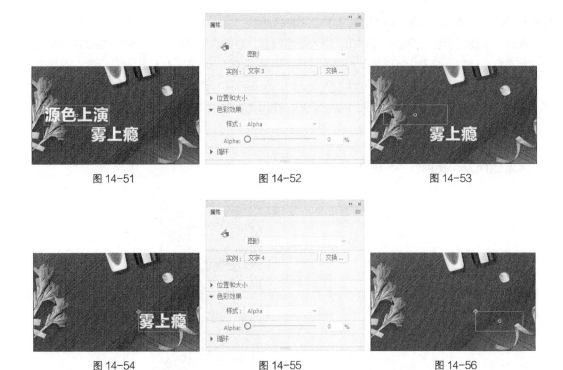

图 14-51　　　　　图 14-52　　　　　图 14-53

图 14-54　　　　　图 14-55　　　　　图 14-56

（20）用鼠标右键单击"文字 4"图层的第 20 帧，在弹出的快捷菜单中选择"创建传统补间"命令，生成传统补间动画，如图 14-57 所示。美妆类动态海报制作完成，按 Ctrl+Enter 组合键即可查看效果，如图 14-58 所示。

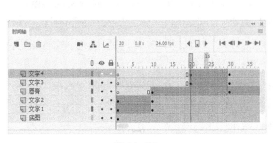

图 14-57

图 14-58

14.4　制作旅游类动态海报

14.4.1　案例分析

"吴哥惠影"是一家专业、全面的旅游路线和自助游预订网站，可个性化地为用户提供优质的出境游、国内游、自由行、自驾游、当地游等旅游路线，同时分享海量旅游景点图片、游记、交通、美食、购物等旅游攻略信息。现网站推出沈阳通往柬埔寨特价机票，需要制作一款动态海报，要求能够使观众简单明了地关注到重要的折扣信息和旅游路线。

在设计上使用蓝色与黄色相互衬托，给人舒适惬意、心情愉悦的感觉。在制作过程中，通过软件对文字进行生动的动画设计，以活跃海报的气氛。再通过装饰元素充分体现出旅游带给人的欢乐。

本例将使用文本工具和"新建元件"命令，制作图形元件；使用"影片剪辑"命令，制作影片剪辑；使用"创建传统补间"命令，制作动画效果；使用墨水瓶工具，为文字添加轮廓。

14.4.2　案例设计

本案例的设计流程如图 14-59 所示。

扫码观看
本案例视频

图 14-59

14.4.3　案例制作

（1）在欢迎页的"详细信息"选项组中，将"宽"项设为 1242，"高"项设为 2208，"平台类型"选项的下拉列表中选择"ActionScript 3.0"选项，单击"创建"按钮，完成文档的创建。

（2）选择"文件 > 导入 > 导入到库"命令，在弹出的"导入到库"对话框中，选择云盘中的"Ch14 > 素材 > 制作旅游类动态海报 > 01、02"文件，单击"打开"按钮，文件被导入到"库"中，如图 14-60 所示。

（3）按 Ctrl+F8 组合键，弹出"创建新元件"对话框。在"名称"项的文本框中输入"文字动"，在"类型"选项下拉列表中选择"影片剪辑"选项，如图 14-61 所示。单击"确定"按钮，新建影片剪辑元件"文字动"，如图 14-62 所示。舞台窗口也随之转换为影片剪辑元件的舞台窗口。

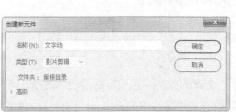

图 14-60　　　　　　　　　　图 14-61　　　　　　　　　　图 14-62

（4）将"图层_1"重命名为"数字"。选择"文本"工具 T，在文本工具"属性"面板中进行设置。在舞台窗口中适当的位置输入大小为495、字幕间距为−40、字体为"Oswald"的淡黄色（#FCFF46）数字，效果如图 14-63 所示。

（5）选中"数字"图层的第 60 帧，按 F5 键，插入普通帧。用鼠标右键单击"数字"图层，在弹出的快捷菜单中选择"复制图层"命令，复制图层并生成"数字_复制"图层。将"数字_复制"图层重命名为"描边"，如图 14-64 所示。

（6）保持数字的选取状态，按两次 Ctrl+B 组合键，将文字打散，效果如图 14-65 所示。

图 14-63   图 14-64   图 14-65

（7）选择"墨水瓶"工具 ，在墨水瓶工具"属性"面板中，将"笔触颜色"设为黑色，"笔触"项设为 20，在数字的边缘单击鼠标，为数字添加描边，如图 14-66 所示。用相同的方法为其他数字添加描边，效果如图 14-67 所示。

（8）在"时间轴"面板中将"描边"图层拖曳到"数字"图层的下方，如图 14-68 所示。舞台窗口中的效果如图 14-69 所示。

图 14-66

图 14-67   图 14-68   图 14-69

（9）分别选中"数字"图层的第 10 帧、第 20 帧、第 30 帧、第 40 帧、第 50 帧，按 F6 键，插入关键帧，如图 14-70 所示。选中"数字"图层的第 10 帧，在工具箱中将"填充颜色"设为白色，如图 14-71 所示。用相同的方法设置"数字"图层的第 30 帧和第 50 帧。

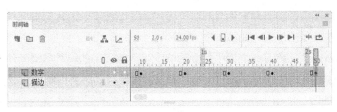

图 14-70   图 14-71

（10）在"库"面板中新建一个影片剪辑元件"箭头动"，如图 14-72 所示。舞台窗口也随之转换为影片剪辑元件的舞台窗口。将"库"面板中的位图"02"拖曳到舞台窗口中，并放置在适当的位置，如图 14-73 所示。

（11）保持图像的选取状态，按 F8 键，在弹出的"转换为元件"对话框中进行设置，如图 14-74 所示。单击"确定"按钮，将选中的图像转换为图形元件"箭头"。

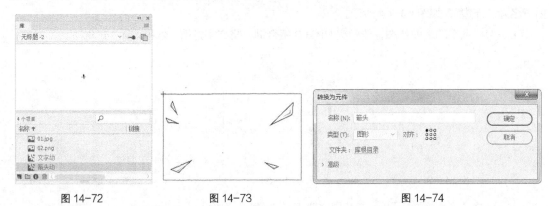

| 图 14-72 | 图 14-73 | 图 14-74 |

（12）分别选中"图层_1"的第 30 帧、第 60 帧，按 F6 键，插入关键帧。选中"图层_1"的第 30 帧，按 Ctrl+T 组合键，弹出"变形"面板，将"缩放宽度"项和"缩放高度"项均设为 90，如图 14-75 所示，效果如图 14-76 所示。

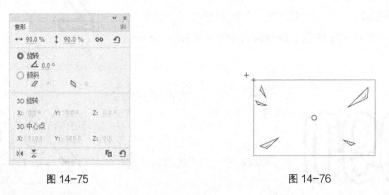

| 图 14-75 | 图 14-76 |

（13）分别用鼠标右键单击"图层_1"的第 1 帧、第 30 帧，在弹出的快捷菜单中选择"创建传统补间"命令，生成传统补间动画。

（14）单击舞台窗口左上方的"场景 1"图标 场景 1，进入"场景 1"的舞台窗口。将"图层_1"重命名为"底图"，如图 14-77 所示。将"库"面板中的位图"01"拖曳到舞台窗口中心位置，如图 14-78 所示。

（15）在"时间轴"面板中创建新图层并将其命名为"箭头"。将"库"面板中的影片剪辑元件"箭头动"拖曳到舞台窗口中，并放置在适当的位置，如图 14-79 所示。

（16）在"时间轴"面板中创建新图层并将其命名为"文字"。将"库"面板中的影片剪辑元件"文字动"拖曳到舞台窗口中，并放置在适当的位置，如图 14-80 所示。旅游类动态海报制作完成，按 Ctrl+Enter 组合键即可查看效果，如图 14-81 所示。

图 14-77

图 14-78

图 14-79

图 14-80

图 14-81

14.5 课堂练习——制作促销类动态海报

练习知识要点

使用"导入到库"命令，导入素材；使用"新建元件"命令，制作图形元件；使用"变形"面板和"创建传统补间"命令，制作礼物动画；使用"时间轴"面板和帧，制作星星闪动效果。效果如图 14-82 所示。

图 14-82

扫码观看
本案例视频

◉ **效果所在位置**

云盘/Ch14/效果/制作促销类动态海报.fla。

14.6 课后习题——制作甜品类动态海报

𝒫 **习题知识要点**

使用"导入到库"命令，导入素材；使用"时间轴"面板和帧，制作文字动画；使用"新建元件"命令，制作图形元件；使用"创建传统补间"命令，制作阴影动画。效果如图 14-83 所示。

扫码观看
本案例视频

图 14-83

◉ **效果所在位置**

云盘/Ch14/效果/制作甜品类动态海报.fla。

15

第15章
电商广告设计

在淘宝、京东以及亚马逊等电子商务网站的发展助力下，电商广告得到了空前的发展。电商广告是引导用户购买产品的重要因素之一，因此电商广告的设计直接影响着网店的商品销量。本章对电商广告进行简单的介绍，并从实战的角度对电商广告的案例分析、案例设计以及案例制作进行系统讲解与演练。通过对本章的学习，读者可以对电商广告设计有一个基本的认识，并快速掌握设计与制作常用电商广告的方法。

课堂学习目标

- ✅ 了解电商广告的概念
- ✅ 了解电商广告的传播方式
- ✅ 了解电商广告的表现形式
- ✅ 理解电商广告动画的设计思路
- ✅ 掌握电商广告动画的制作方法和技巧

15.1 电商广告设计概述

电商广告指是指通过电子商务网站和 App 等互联网媒介，以图像、音频、视频等形式，推销商品或者服务的商业广告。电商广告需要将色彩、文字以及商品等元素进行良好的设计，用来提升用户点击购买的欲望。不同商品的电商广告如图 15-1 所示。

图 15-1

15.2 制作女包广告

15.2.1 案例分析

"NEW LOOK"是一家女装服饰店，产品包括男女时装、童装、鞋履、钟表、精品配饰、包包等。店铺产品风格独特，涵盖各种材质和配色。该店现推出新款女包，需要为其设计宣传广告，希望借助广告动画的形式表现出商品的创新性和独特性。

在设计制作过程中，以浅色的背景和粉色的主色表现出商品女性包的特点；以温婉典雅的气质氛围和主题文字激发女性购买的欲望。

本例将使用"导入到库"命令，导入素材并制作图形元件；使用"创建传统补间"命令，制作补间动画效果；使用"属性"面板，设置实例的不透明度及动画的旋转角度；使用"变形"面板，改变实例的大小及角度；使用文本工具，输入标题性文字。

15.2.2 案例设计

本案例的设计效果如图 15-2 所示。

图 15-2

15.2.3 案例制作

1. 导入素材制作图形元件并制作画面 1

（1）在欢迎页的"详细信息"选项组中，将"宽"项设为 800，"高"项设为 250，"平台类型"选项的下拉列表中选择"ActionScript 3.0"选项，单击"创建"按钮，完成文档的创建。

扫码观看
本案例视频

（2）选择"文件 > 导入 > 导入到库"命令，在弹出的"导入到库"对话框中，选择云盘中的"Ch15 > 素材 > 制作女包广告 > 01 和 02"文件，单击"打开"按钮，将选中的文件导入"库"面板中，如图 15-3 所示。

（3）按 Ctrl+F8 组合键，弹出"创建新元件"对话框。在"名称"项的文本框中输入"文字 1"，在"类型"选项下拉列表中选择"图形"选项，如图 15-4 所示。单击"确定"按钮，新建图形元件"文字 1"，如图 15-5 所示。舞台窗口也随之转换为图形元件的舞台窗口。

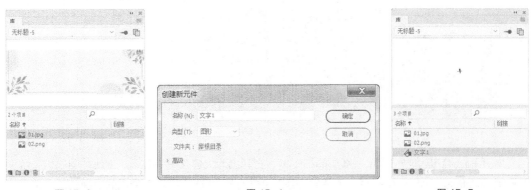

图 15-3   图 15-4   图 15-5

（4）选择"矩形"工具 ▢，在工具箱中将"笔触颜色"设为无，"填充颜色"设为红色（#F71036）。单击工具箱下方的"对象绘制"按钮 ◙，在舞台窗口中绘制一个矩形，如图 15-6 所示。

（5）选择"文本"工具 T，在文本工具"属性"面板中进行设置。在舞台窗口中适当的位置输入大小为 9，字体为"方正兰亭黑简体"的白色文字，文字效果如图 15-7 所示。用相同的方法制作图形元件"文字 2"，效果如图 15-8 所示。

【全场前100名】
满900返150元

图 15-6   图 15-7   图 15-8

（6）单击舞台窗口左上方的"场景 1"图标 场景 1，进入"场景 1"的舞台窗口。将"图层_1"重命名为"底图"。将"库"面板中的位图"01"文件拖曳到舞台窗口中，如图 15-9 所示。选中"底图"图层的第 210 帧，按 F5 键，插入普通帧，如图 15-10 所示。

（7）在"时间轴"面板中创建新图层并将其命名为"遮罩"。选择"矩形"工具 ▢，在工具箱中将"笔触颜色"设为无，"填充颜色"设为绿色（#90CC3B）。在舞台窗口中绘制一个矩形，如图 15-11 所示。

（8）选中"遮罩"图层的第 20 帧，按 F6 键，插入关键帧。选中"遮罩"图层的第 1 帧，按 Ctrl+T
组合键，弹出"变形"面板，将"缩放宽度"项设为 1，"缩放高度"项设为 100，如图 15-12 所示。
按 Enter 键，确认操作。

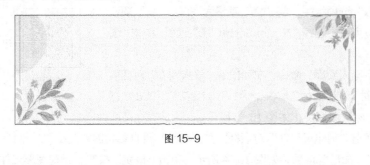

图 15-9

图 15-10

图 15-11

图 15-12

（9）用鼠标右键单击"遮罩"图层的第 1 帧，在弹出的快捷菜单中选择"创建补间形状"命令，
生成形状补间动画，如图 15-13 所示。在"遮罩"图层上单击鼠标右键，在弹出的快捷菜单中选择"遮
罩层"命令，将"遮罩"图层设置为遮罩的层，"底图"图层为被遮罩的层，如图 15-14 所示。

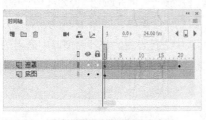

图 15-13

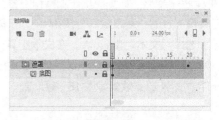

图 15-14

（10）在"时间轴"面板中创建新图层并将其命名为"NEW"。选中"NEW"图层的第 20 帧，
按 F6 键，插入关键帧。选择"文本"工具 T，在文本工具"属性"面板中进行设置。在舞台窗口中
适当的位置输入大小为 30，字体为"ITC Avant Garde Gothic Demi"的粉色（#EF9D9D）英文，
文字效果如图 15-15 所示。

（11）在"时间轴"面板中创建新图层并将其命名为"遮罩 2"。选中"遮罩 2"图层的第 20 帧，
按 F6 键，插入关键帧。选择"矩形"工具 □，在工具箱中将"笔触颜色"设为无，"填充颜色"设
为绿色（#90CC3B）。在舞台窗口中绘制一个矩形，如图 15-16 所示。

（12）选中"遮罩 2"图层的第 30 帧，按 F6 键，插入关键帧。选择"任意变形"工具，在矩
形周围出现控制点，按住 Alt 键的同时，选中矩形右侧中间的控制点向右拖曳到适当的位置，改变矩

形的宽度，效果如图 15-17 所示。

图 15-15

图 15-16

图 15-17

（13）用鼠标右键单击"遮罩 2"图层的第 20 帧，在弹出的快捷菜单中选择"创建补间形状"命令，生成形状补间动画，如图 15-18 所示。在"遮罩 2"图层上单击鼠标右键，在弹出的快捷菜单中选择"遮罩层"命令，将"遮罩 2"图层设置为遮罩的层，"NEW"图层为被遮罩的层，如图 15-19所示。

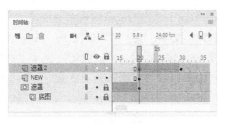
图 15-18

图 15-19

（14）在"时间轴"面板中创建新图层并将其命名为"LOOK"。选中"LOOK"图层的第 30 帧，按 F6 键，插入关键帧。选择"文本"工具 T，在文本工具"属性"面板中进行设置。在舞台窗口中适当的位置输入大小为 30，字体为"ITC Avant Garde Gothic Demi"的粉色（#EF9D9D）英文，文字效果如图 15-20 所示。

（15）在"时间轴"面板中创建新图层并将其命名为"遮罩 3"。选中"遮罩 3"图层的第 30 帧，按 F6 键，插入关键帧。选择"矩形"工具，在工具箱中将"笔触颜色"设为无，"填充颜色"设为绿色（#90CC3B）。在舞台窗口中绘制一个矩形，如图 15-21 所示。

（16）选中"遮罩 3"图层的第 40 帧，按 F6 键，插入关键帧。选择"任意变形"工具，在矩形周围出现控制点，按住 Alt 键的同时，选中矩形右侧中间的控制点向右拖曳到适当的位置，改变矩形的宽度，效果如图 15-22 所示。

图 15-20

图 15-21

图 15-22

（17）用鼠标右键单击"遮罩 3"图层的第 30 帧，在弹出的快捷菜单中选择"创建补间形状"命令，生成形状补间动画，如图 15-23 所示。在"遮罩 3"图层上单击鼠标右键，在弹出的快捷菜单中选择"遮罩层"命令，将"遮罩 3"图层设置为遮罩的层，"LOOK"图层为被遮罩的层，如图 15-24 所示。

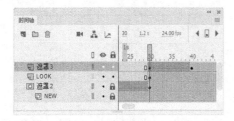
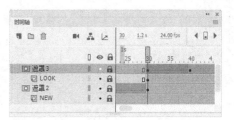

图 15-23   图 15-24

2．制作画面 2

扫码观看
本案例视频

（1）在"时间轴"面板中创建新图层并将其命名为"花季盛宴"。选中"花季盛宴"图层的第 40 帧，按 F6 键，插入关键帧。选择"文本"工具 T，在文本工具"属性"面板中进行设置。在舞台窗口中适当的位置输入大小为 35，字体为"方正兰亭中黑简体"的红色（#F71036）文字，文字效果如图 15-25 所示。

（2）在"时间轴"面板中创建新图层并将其命名为"遮罩 4"。选中"遮罩 4"图层的第 40 帧，按 F6 键，插入关键帧。选择"矩形"工具 □，在工具箱中将"笔触颜色"设为无，"填充颜色"设为绿色（#90CC3B）。在舞台窗口中绘制一个矩形，如图 15-26 所示。

（3）选中"遮罩 4"图层的第 60 帧，按 F6 键，插入关键帧。选择"任意变形"工具 ，在矩形周围出现控制点，按住 Alt 键的同时，选中矩形右侧中间的控制点向右拖曳到适当的位置，改变矩形的宽度，效果如图 15-27 所示。

图 15-25   图 15-26   图 15-27

（4）用鼠标右键单击"遮罩 4"图层的第 40 帧，在弹出的快捷菜单中选择"创建补间形状"命令，生成形状补间动画，如图 15-28 所示。在"遮罩 4"图层上单击鼠标右键，在弹出的快捷菜单中选择"遮罩层"命令，将"遮罩 4"图层设置为遮罩的层，"花季盛宴"图层为被遮罩的层，如图 15-29 所示。

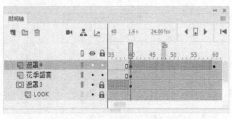
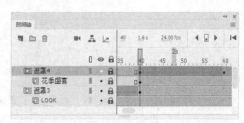

图 15-28   图 15-29

（5）在"时间轴"面板中创建新图层并将其命名为"水平线"。选中"水平线"图层的第 60 帧，按 F6 键，插入关键帧。选择"线条"工具 ✎，在线条工具"属性"面板中，将"笔触颜色"设为黑色，"笔触"选项设为 1。在舞台窗口中绘制两条水平线，如图 15-30 所示。

（6）在"时间轴"面板中创建新图层并将其命名为"遮罩 5"。选中"遮罩 5"图层的第 60 帧，按 F6 键，插入关键帧。选择"矩形"工具 ▢，在工具箱中将"笔触颜色"设为无，"填充颜色"设为绿色（#90CC3B）。在舞台窗口中绘制一个矩形，如图 15-31 所示。

（7）选中"遮罩 5"图层的第 80 帧，按 F6 键，插入关键帧。选择"任意变形"工具 ⊞，在矩形周围出现控制点，按住 Alt 键的同时，选中矩形右侧中间的控制点向右拖曳到适当的位置，改变矩形的宽度，效果如图 15-32 所示。

图 15-30   图 15-31   图 15-32

（8）用鼠标右键单击"遮罩 5"图层的第 60 帧，在弹出的快捷菜单中选择"创建补间形状"命令，生成形状补间动画，如图 15-33 所示。在"遮罩 5"图层上单击鼠标右键，在弹出的快捷菜单中选择"遮罩层"命令，将"遮罩 5"图层设置为遮罩的层，"水平线"图层为被遮罩的层，如图 15-34 所示。

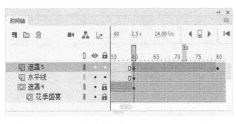 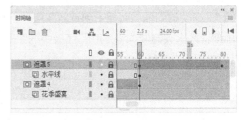

图 15-33   图 15-34

（9）在"时间轴"面板中创建新图层并将其命名为"日期"。选中"日期"图层的第 80 帧，按 F6 键，插入关键帧。选择"文本"工具 T，在文本工具"属性"面板中进行设置。在舞台窗口中适当的位置输入大小为 13，字体为"方正兰亭中黑简体"的黑色文字，文字效果如图 15-35 所示。

（10）在"时间轴"面板中创建新图层并将其命名为"遮罩 6"。选中"遮罩 6"图层的第 40 帧，按 F6 键，插入关键帧。选择"矩形"工具 ▢，在工具箱中将"笔触颜色"设为无，"填充颜色"设为绿色（#90CC3B）。在舞台窗口中绘制一个矩形，如图 15-36 所示。

（11）选中"遮罩 6"图层的第 95 帧，按 F6 键，插入关键帧。选择"任意变形"工具 ⊞，在矩形周围出现控制点，按住 Alt 键的同时，选中矩形右侧中间的控制点向右拖曳到适当的位置，改变矩形的宽度，效果如图 15-37 所示。

图 15-35　　　　　　　　　　　图 15-36　　　　　　　　　　　图 15-37

（12）用鼠标右键单击"遮罩 6"图层的第 80 帧，在弹出的快捷菜单中选择"创建补间形状"命令，生成形状补间动画，如图 15-38 所示。在"遮罩 6"图层上单击鼠标右键，在弹出的快捷菜单中选择"遮罩层"命令，将"遮罩 6"图层设置为遮罩的层，"日期"图层为被遮罩的层，如图 15-39 所示。

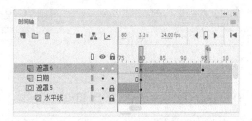
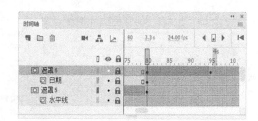

图 15-38　　　　　　　　　　　　　　　　图 15-39

（13）在"时间轴"面板中创建新图层并将其命名为"文字 1"。选中"文字 1"图层的第 95 帧，按 F6 键，插入关键帧。将"库"面板中的图形元件"文字 1"拖曳到舞台窗口中，并放置在适当的位置，如图 15-40 所示。

（14）在"时间轴"面板中创建新图层并将其命名为"文字 2"。选中"文字 2"图层的第 95 帧，按 F6 键，插入关键帧。将"库"面板中的图形元件"文字 2"拖曳到舞台窗口中，并放置在适当的位置，如图 15-41 所示。

图 15-40　　　　　　　　　　　　　　　　图 15-41

（15）分别选中"文字 1"图层和"文字 2"图层的第 110 帧，按 F6 键，插入关键帧，如图 15-42 所示。选中"文字 1"图层的第 95 帧，在舞台窗口中将"文字 1"实例水平向左拖曳到适当的位置，如图 15-43 所示。

（16）在图形"属性"面板中选择"色彩效果"选项组，在"样式"选项的下拉列表中选择"Alpha"，将其值设为 0%，效果如图 15-44 所示。

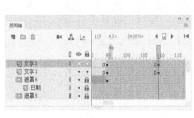

图 15-42   图 15-43   图 15-44

（17）选中"文字 2"图层的第 95 帧，在舞台窗口中将"文字 2"实例水平向右拖曳到适当的位置，如图 15-45 所示。在图形"属性"面板中选择"色彩效果"选项组，在"样式"选项的下拉列表中选择"Alpha"，将其值设为 0%，效果如图 15-46 所示。

（18）分别用鼠标右键单击"文字 1"图层和"文字 2"图层的第 95 帧，在弹出的快捷菜单中选择"创建传统补间"命令，生成传统补间动画，如图 15-47 所示。

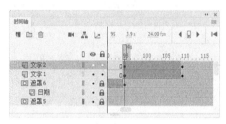

图 15-45   图 15-46   图 15-47

（19）在"时间轴"面板中创建新图层并将其命名为"包"。选中"包"图层的第 110 帧，按 F6 键，插入关键帧。将"库"面板中的位图"02"文件拖曳到舞台窗口中，并放置在适当的位置，如图 15-48 所示。按 F8 键，弹出"转换为元件"对话框，在"名称"项的文本框中输入"包"，在"类型"选项下拉列表中选择"图形"选项，单击"确定"按钮，将图形转换为图形元件。

（20）分别选中"包"图层的第 140 帧、第 145 帧、第 150 帧、第 155 帧、第 160 帧，按 F6 键，插入关键帧，如图 15-49 所示。选中"包"图层的第 145 帧，按 Ctrl+T 组合键，弹出"变形"面板，将"旋转"项设为 5，效果如图 15-50 所示。

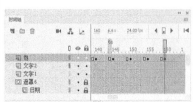

图 15-48   图 15-49   图 15-50

（21）选中"包"图层的第 155 帧，按 Ctrl+T 组合键，弹出"变形"面板，将"旋转"项设为 -5，如图 15-51 所示，效果如图 15-52 所示。

（22）分别用鼠标右键单击"包"图层的第 140 帧、第 145 帧、第 150 帧、第 155 帧，在弹出的快捷菜单中选择"创建传统补间"命令，生成传统补间动画，如图 15-53 所示。

（23）分别选中"包"图层的第 170 帧、第 172 帧、第 174 帧、第 176 帧、第 178 帧、第 180
帧，按 F6 键，插入关键帧，如图 15-54 所示。

图 15-51

图 15-52

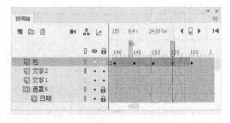

图 15-53

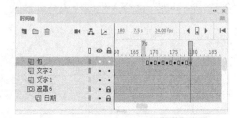

图 15-54

（24）选中"包"图层的第 170 帧，在舞台窗口中选中"包"实例，在图形"属性"面板中选择
"色彩效果"选项组，在"样式"选项的下拉列表中选择"色调"，在右侧的颜色框中将颜色设为白色，
其他选项的设置如图 15-55 所示，效果如图 15-56 所示。用相同的方法分别设置"包"图层的第 174
帧、第 178 帧中的实例。

（25）在"时间轴"面板中创建新图层并将其命名为"遮罩 7"。选中"遮罩 7"图层的第 110 帧，
按 F6 键，插入关键帧。选择"椭圆"工具 ，在工具箱中将"笔触颜色"设为无，"填充颜色"设
为绿色（#90CC3B）。按住 Shift 键的同时，在舞台窗口中绘制一个圆形，如图 15-57 所示。

图 15-55

图 15-56

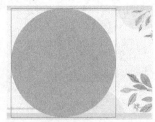

图 15-57

（26）选中"遮罩 7"图层的第 125 帧，按 F6 键，插入关键帧。选中"遮罩 7"图层的第 110 帧，
按 Ctrl+T 组合键，弹出"变形"面板，将"缩放宽度"项和"缩放高度"项均设为 1。

（27）用鼠标右键单击"遮罩 7"图层的第 110 帧，在弹出的快捷菜单中选择"创建补间形状"

命令，生成形状补间动画，如图 15-58 所示。在"遮罩 7"图层上单击鼠标右键，在弹出的快捷菜单中选择"遮罩层"命令，将"遮罩 7"图层设置为遮罩的层，"包"图层为被遮罩的层，如图 15-59 所示。女包广告效果制作完成，按 Ctrl+Enter 组合键即可查看效果。

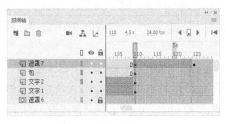 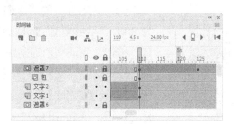

图 15-58　　　　　　　　　　　图 15-59

15.3　制作空调扇广告

15.3.1　案例分析

"戴森尔"是一家专业的家电企业。公司现推出一款兼具送风、制冷、加湿等多功能于一身的新型变频空调扇。为更好地宣传与推广该产品，需要制作一款宣传广告，希望借助广告动画的形式表现出产品的特点和品牌特色。

在设计制作过程中，通过实景背景效果营造出华贵的气氛；通过树叶动画表现出净化空气的感觉；产品放置在重要位置，突出对产品的展示；字体的色彩搭配与背景相得益彰，可以起到醒目强化的效果，达到宣传的目的。

本例将使用"导入到库"命令，导入素材；使用"新建元件"命令和文本工具，制作图形元件；使用"分散到图层"命令，制作功能动画；使用"创建传统补间"命令，制作补间动画；使用"属性"面板，调整实例的透明度。

15.3.2　案例设计

本案例的设计效果如图 15-60 所示。

图 15-60

15.3.3 案例制作

1. 导入素材并制作图形

扫码观看
本案例视频

（1）在欢迎页的"详细信息"选项组中，将"宽"项设为 1920，"高"项设为 800，"平台类型"选项的下拉列表中选择"ActionScript 3.0"选项，单击"创建"按钮，完成文档的创建。

（2）选择"文件 > 导入 > 导入到库"命令，在弹出的"导入到库"对话框中，选择云盘中的"Ch15 > 素材 > 制作空调扇广告 > 01~03"文件，单击"打开"按钮，将选中的文件导入到"库"面板中，如图 15-61 所示。

（3）按 Ctrl+F8 组合键，弹出"创建新元件"对话框。在"名称"项的文本框中输入"空调"，在"类型"项下拉列表中选择"图形"选项。单击"确定"按钮，新建图形元件"空调"，如图 15-62 所示。舞台窗口也随之转换为图形元件的舞台窗口。将"库"面板中的位图"02"拖曳到舞台窗口中，并放置在适当的位置，如图 15-63 所示。

图 15-61

图 15-62

图 15-63

（4）在"库"面板中新建一个图形元件"树叶"，如图 15-64 所示。舞台窗口也随之转换为图形元件的舞台窗口。将"库"面板中的位图"03"拖曳到舞台窗口中，并放置在适当的位置，如图 15-65 所示。

图 15-64

图 15-65

（5）在"库"面板中新建一个图形元件"文字 1"，如图 15-66 所示。舞台窗口也随之转换为图形元件的舞台窗口。选择"文本"工具 T，在文本工具"属性"面板中进行设置。在舞台窗口中适当的位置输入大小为 90，字体为"方正兰亭大黑简体"的蓝色（#02709D）文字，文字效果如图 15-67 所示。

图 15-66   图 15-67

（6）在"库"面板中新建一个图形元件"文字 2"，如图 15-68 所示。舞台窗口也随之转换为图形元件的舞台窗口。选择"文本"工具 T，在文本工具"属性"面板中进行设置。在舞台窗口中适当的位置输入大小为 65，字体为"方正兰亭大黑简体"的蓝色（#02709D）文字，文字效果如图 15-69 所示。用相同的方法制作图形元件"文字 3"，如图 15-70 所示。

图 15-68   图 15-69   图 15-70

（7）在"库"面板中新建一个图形元件"智能调节"，舞台窗口也随之转换为图形元件的舞台窗口。选择"基本矩形"工具 ▭，在工具箱中将"笔触颜色"设为无，"填充颜色"设为橙黄色（#F53F00），在舞台窗口中绘制一个矩形。

（8）选择"选择"工具 ▶，在舞台窗口中选中矩形，在矩形图元"属性"面板中，将"宽"项设为 78，"高"项设为"37"，"X"项和"Y"项均设为 0，"矩形边角半径"项设为 5，如图 15-71 所示，效果如图 15-72 所示。

（9）选择"文本"工具 T，在文本工具"属性"面板中进行设置。在舞台窗口中适当的位置输入大小为 16，字体为"方正准圆简体"的白色文字，文字效果如图 15-73 所示。

（10）用上述的方法制作图形元件"送风温和""超低噪声"和"高倍净化"，如图 15-74、图 15-75 和图 15-76 所示。

图 15-71

图 15-72

图 15-73

图 15-74

图 15-75

图 15-76

2. 制作影片剪辑元件

扫码观看
本案例视频

（1）在"库"面板中新建一个影片剪辑元件"树叶动"，如图 15-77 所示。舞台窗口也随之转换为影片剪辑元件的舞台窗口。将"库"面板中的图形元件"树叶"拖曳到舞台窗口中，并放置在适当的位置，如图 15-78 所示。

（2）选中"图层_1"的第 40 帧，按 F6 键，插入关键帧。将舞台窗口中的"树叶"实例拖曳到适当的位置，如图 15-79 所示。在图形"属性"面板中，选择"色彩效果"选项组，在"样式"选项下拉列表中选择"Alpha"选项，将"Alpha"数量设为 0。舞台窗口中的效果如图 15-80 所示。

图 15-77

图 15-78

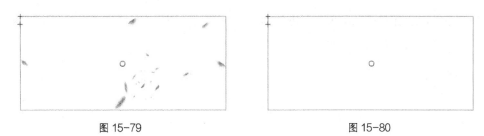

图 15-79   图 15-80

（3）用鼠标右键单击"图层_1"的第 1 帧，在弹出的快捷菜单中选择"创建传统补间"命令，生成传统补间动画。

（4）在"库"面板中新建一个影片剪辑元件"文字动"，如图 15-81 所示。舞台窗口也随之转换为影片剪辑元件的舞台窗口。分别将"库"面板中的图形元件"智能空调""超低噪声""送风温和"和"高倍净化"拖曳到舞台窗口中，并放置在适当的位置，如图 15-82 所示。

图 15-81   图 15-82

（5）按 Ctrl+A 组合键，将舞台窗口中的实例全部选中，如图 15-83 所示。按 Ctrl+K 组合键，弹出"对齐"面板，单击"垂直中齐"按钮 ▐▊ 和"水平居中分布"按钮 ▍▍，效果如图 15-84 所示。

图 15-83   图 15-84

（6）保持实例的选取状态，在图形"属性"面板中，将"Y"项设为 0。选择"修改 > 时间轴 > 分散到图层"命令，将所有实例分散到独立层，如图 15-85 所示。将"图层_1"删除，如图 15-86 所示。分别选中所有图层的第 10 帧、第 20 帧，按 F6 键，插入关键帧，如图 15-87 所示。

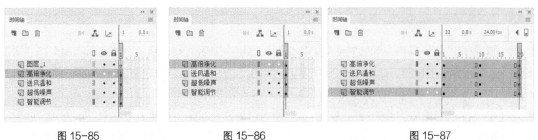

图 15-85   图 15-86   图 15-87

（7）选中"高倍净化"图层的第 10 帧，在舞台窗口中将有实例选中，在图形"属性"面板中，将"Y"项设为 66，如图 15-88 所示，效果如图 15-89 所示。

图 15-88   图 15-89

（8）选中"高倍净化"图层的第 1 帧，在舞台窗口中选中所有实例。在图形"属性"面板中，选择"色彩效果"选项组，在"样式"选项下拉列表中选择"Alpha"选项，将"Alpha"数量设为 0，如图 15-90 所示。舞台窗口中的效果如图 15-91 所示。

图 15-90   图 15-91

（9）分别用鼠标右键单击所有图层的第 1 帧，在弹出的快捷菜单中选择"创建传统补间"命令，生成传统补间动画，如图 15-92 所示。分别用鼠标右键单击所有图层的第 10 帧，在弹出的快捷菜单中选择"创建传统补间"命令，生成传统补间动画，如图 15-93 所示。

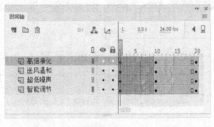

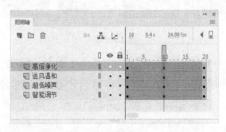

图 15-92   图 15-93

（10）单击"超低噪声"图层的图层名称，选中该层中的所有帧，将所有帧向后拖曳至与"智能调节"图层隔 5 帧的位置，如图 15-94 所示。用同样的方法依次对其他图层进行操作，如图 15-95 所示。

（11）选中所有图层的第 35 帧，按 F5 键，插入普通帧，如图 15-96 所示。在"时间轴"面板中创建新图层并将其命名为"动作脚本"。选中"动作脚本"图层的第 35 帧，按 F6 键，插入关键帧。选择"窗口 > 动作"命令，弹出"动作"面板，在"脚本窗口"中设置脚本语言，如图 15-97 所示。

设置好动作脚本后，关闭"动作"面板。在"动作脚本"图层的第 35 帧上显示出一个标记"a"。

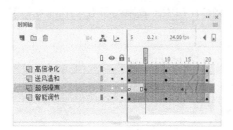
图 15-94

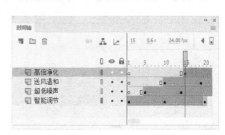
图 15-95

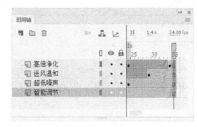
图 15-96

图 15-97

3. 制作场景动画

（1）单击舞台窗口左上方的"场景 1"图标，进入"场景 1"的舞台窗口。将"图层_1"重命名为"底图"，如图 15-98 所示。将"库"面板中的位图"01"拖曳到舞台窗口的中心位置，如图 15-99 所示。选中"底图"图层的第 120 帧，按 F5 键，插入普通帧。

（2）在"时间轴"面板中创建新图层并将其命名为"空调"。将"库"面板中的图形元件"空调"拖曳到舞台窗口中，并放置在适当的位置，如图 15-100 所示。

（3）选中"空调"图层的第 10 帧，按 F6 键，插入关键帧。选中"空调"图层的第 1 帧，在舞台窗口中将"空调"实例水平向右拖曳到适当的位置，如图 15-101 所示。

扫码观看
本案例视频

图 15-98

图 15-99

图 15-100

图 15-101

（4）在图形"属性"面板中，选择"色彩效果"选项组，在"样式"选项下拉列表中选择"Alpha"
选项，将"Alpha"数量设为 0，如图 15-102 所示。舞台窗口中的效果如图 15-103 所示。

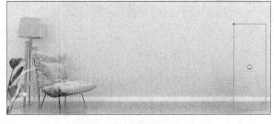

图 15-102　　　　　　　　　　　　　　　　图 15-103

（5）用鼠标右键单击"空调"图层的第 1 帧，在弹出的快捷菜单中选择"创建传统补间"命令，
生成传统补间动画。

（6）在"时间轴"面板中创建新图层并将其命名为"树叶"。选中"树叶"图层的第 10 帧，按
F6 键，插入关键帧。将"库"面板中的影片剪辑元件"树叶动"拖曳到舞台窗口中，并放置在适当
的位置，如图 15-104 所示。

（7）在"时间轴"面板中创建新图层并将其命名为"标志"。选中"标志"图层的第 1 帧，选择
"文本"工具 T ，在文本工具"属性"面板中进行设置。在舞台窗口中适当的位置输入大小为 57，字
体为"方正兰亭中黑简体"的黑色文字，文字效果如图 15-105 所示。

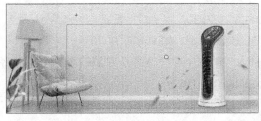
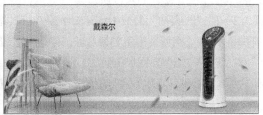

图 15-104　　　　　　　　　　　　　　　　图 15-105

（8）在"时间轴"面板中单击"标志"图层，将该层中的文字选中，如图 15-106 所示。按 F8
键，在弹出的"转换为元件"对话框中进行设置，如图 15-107 所示。单击"确定"按钮，将选中的
文字转换为图形元件"标志"。

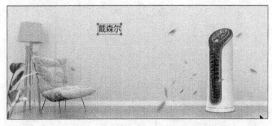

图 15-106　　　　　　　　　　　　　　　　图 15-107

（9）选中"标志"图层的第 10 帧，按 F6 键，插入关键帧。选中"标志"图层的第 1 帧，在舞台

窗口中将"标志"实例水平向左拖曳到适当的位置，如图 15-108 所示。在图形"属性"面板中，选择"色彩效果"选项组，在"样式"选项下拉列表中选择"Alpha"选项，将"Alpha"数量设为 0。舞台窗口中的效果如图 15-109 所示。

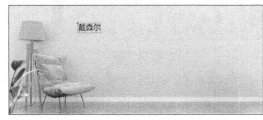 

图 15-108   图 15-109

（10）用鼠标右键单击"标志"图层的第 1 帧，在弹出的快捷菜单中选择"创建传统补间"命令，生成传统补间动画。

（11）在"时间轴"面板中创建新图层并将其命名为"文字 1"。选中"文字 1"图层的第 10 帧，按 F6 键，插入关键帧。将"库"面板中的图形元件"文字 1"拖曳到舞台窗口中，并放置在适当的位置，如图 15-110 所示。

（12）选中"文字 1"图层的第 20 帧，按 F6 键，插入关键帧。选中"文字 1"图层的第 10 帧，在舞台窗口中选中"文字 1"实例，在图形"属性"面板中，选择"色彩效果"选项组，在"样式"选项下拉列表中选择"Alpha"选项，将"Alpha"数量设为 0。舞台窗口中的效果如图 15-111 所示。

（13）用鼠标右键单击"文字 1"图层的第 10 帧，在弹出的快捷菜单中选择"创建传统补间"命令，生成传统补间动画。

图 15-110   图 15-111

（14）在"时间轴"面板中创建新图层并将其命名为"文字 2"。选中"文字 2"图层的第 15 帧，按 F6 键，插入关键帧。将"库"面板中的图形元件"文字 2"拖曳到舞台窗口中，并放置在适当的位置，如图 15-112 所示。

（15）选中"文字 2"图层的第 25 帧，按 F6 键，插入关键帧。选中"文字 2"图层的第 15 帧，在舞台窗口中选中"文字 2"实例，在图形"属性"面板中，选择"色彩效果"选项组，在"样式"选项下拉列表中选择"Alpha"选项，将"Alpha"数量设为 0。舞台窗口中的效果如图 15-113 所示。

（16）用鼠标右键单击"文字 2"图层的第 15 帧，在弹出的快捷菜单中选择"创建传统补间"命令，生成传统补间动画。

（17）在"时间轴"面板中创建新图层并将其命名为"动态文字"。选中"动态文字"图层的第 25 帧，按 F6 键，插入关键帧。将"库"面板中的影片剪辑元件"文字动"拖曳到舞台窗口中，并放置在适当的位置，如图 15-114 所示。

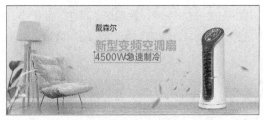
图 15-112

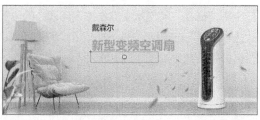
图 15-113

（18）在"时间轴"面板中创建新图层并将其命名为"文字 3"。选中"文字 3"图层的第 55 帧，按 F6 键，插入关键帧。将"库"面板中的图形元件"文字 3"拖曳到舞台窗口中，并放置在适当的位置，如图 15-115 所示。

图 15-114

图 15-115

（19）选中"文字 3"图层的第 65 帧，按 F6 键，插入关键帧。选中"文字 3"图层的第 55 帧，在舞台窗口中将"文字 3"实例垂直向下拖曳到适当的位置，如图 15-116 所示。在图形"属性"面板中，选择"色彩效果"选项组，在"样式"选项下拉列表中选择"Alpha"选项，将"Alpha"数量设为 0。舞台窗口中的效果如图 15-117 所示。

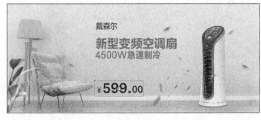
图 15-116

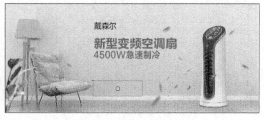
图 15-117

（20）用鼠标右键单击"文字 3"图层的第 55 帧，在弹出的快捷菜单中选择"创建传统补间"命令，生成传统补间动画。空调扇广告制作完成，按 Ctrl+Enter 组合键即可查看效果，如图 15-118 所示。

图 15-118

15.4 制作豆浆机广告

15.4.1 案例分析

D52 是一家电商用品零售企业，销售平整式包装的家具、配件、浴室和厨房用品等。公司近期推出新款豆浆机，需要为其制作一个全新的网店首页海报，要求起到宣传新产品的作用，向客户传递原磨、鲜香的感受。

在设计制作过程中，要求以产品图片为主体，以豆子与豆浆图片的搭配表现出豆浆鲜香细腻的口感，通过动画表现出豆浆机便捷高效的特点；使用直观醒目的文字来诠释广告内容，体现活动特色；整体设计简洁大方，易给人好感，让人产生购买欲望。

本例将使用"导入"命令，导入素材文件；使用"创建元件"命令，将导入的素材制作成图形元件；使用"文字"工具，输入广告语文本；使用"分离"命令，将输入的文字进行打散处理；使用"创建传统补间"命令，制作补间动画效果；使用"动作脚本"命令，添加动作脚本。

15.4.2 案例设计

本案例的设计效果如图 15-119 所示。

图 15-119

15.4.3 案例制作

1. 导入素材制作元件

（1）在欢迎页的"详细信息"选项组中，将"宽"项设为 800，"高"项设为 500，"平台类型"选项的下拉列表中选择"ActionScript 3.0"选项，单击"创建"按钮，完成文档的创建。

（2）选择"文件 > 导入 > 导入到库"命令，在弹出的"导入到库"对话框中选择"Ch15 > 素材 > 制作豆浆机广告 > 01～04"文件，单击"打开"按钮，文件被导入到"库"面板中，如图 15-120 所示。

扫码观看
本案例视频

（3）按 Ctrl+F8 组合键，弹出"创建新元件"对话框，在"名称"项的文本框中输入"豆浆机"，在"类型"选项的下拉列表中选择"图形"。单击"确定"按钮，新建图形元件"豆浆机"，如图 15-121 所示。舞台窗口也随之转换为图形元件的舞台窗口。将"库"面板中的位图"02"拖曳到舞台窗口中，如图 15-122 所示。

图 15-120   图 15-121   图 15-122

（4）用上述的方法将"库"面板中的位图"03""04"文件，分别制作成图形元件"价位牌"和
"大豆"，"库"面板如图 15-123 所示。

（5）在"库"面板中新建一个图形元件"文字 1"，如图 15-124 所示。舞台窗口也随之转换为图
形元件的舞台窗口。选择"文本"工具 T ，在文本工具"属性"面板中进行设置。在舞台窗口中适当
的位置输入大小为 18，字体为"微软雅黑"的红色（#B23600）文字，文字效果如图 15-125 所示。

图 15-123   图 15-124   图 15-125

（6）在"库"面板中新建一个图形元件"文字 3"，如图 15-126 所示。舞台窗口也随之转换为图
形元件的舞台窗口。选择"文本"工具 T ，在文本工具"属性"面板中进行设置。在舞台窗口中适
当的位置输入大小为 18，字体为"微软雅黑"的红色（#B23600）文字，文字效果如图 15-127 所示。
在"库"面板中新建一个图形元件"文字 2"，如图 15-128 所示。舞台窗口也随之转换为图形元件的
舞台窗口。

图 15-126   图 15-127   图 15-128

（7）选择"文本"工具 T ，在文本工具"属性"面板中进行设置。在舞台窗口中适当的位置输入大小为 63，字体为"方正大黑简体"的深红色（#800000）文字，文字效果如图 15-129 所示。

（8）选择"选择"工具 ▶ ，在舞台窗口中选中文字，如图 15-130 所示。按两次 Ctrl+B 组合键，将选中的文字打散，效果如图 15-131 所示。

图 15-129   图 15-130   图 15-131

（9）在文字图形的上半部分拖曳出一个矩形，如图 15-132 所示，松开鼠标将其选中，如图 15-133 所示。在工具箱中将"填充颜色"选项设为红色（#AC0000），效果如图 15-134 所示。

图 15-132   图 15-133   图 15-134

（10）按 Ctrl+F8 组合键，弹出"创建新元件"对话框。在"名称"项的文本框中输入"按钮"，在"类型"选项的下拉列表中选择"按钮"。单击"确定"按钮，新建按钮元件"按钮"，如图 15-135 所示。舞台窗口也随之转换为按钮元件的舞台窗口。

（11）选择"窗口 > 颜色"命令，弹出"颜色"面板。单击"笔触颜色"按钮 ✐ ▇ ，将其设为无。单击"填充颜色"按钮 ◆ ▢ ，在"颜色类型"选项的下拉列表中选择"线性渐变"选项，在色带上将左边的颜色控制点设为红色（#F64D4D），将右边的颜色控制点设为深红色（#910505），生成渐变色，如图 15-136 所示。

（12）将"图层_1"重命名为"矩形"。选择"矩形"工具 ▢ ，选中工具箱下方的"对象绘制"按钮 ◎ ，在舞台窗口中绘制一个矩形，如图 15-137 所示。选择"颜料桶"工具 ◆ ，在矩形的内部单击鼠标，更改渐变颜色的过渡方向，效果如图 15-138 所示。

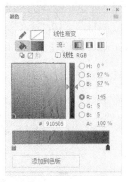

图 15-135   图 15-136   图 15-137   图 15-138

（13）选中"矩形"图层的"指针经过"帧，按 F5 键，插入普通帧，如图 15-139 所示。在"时间轴"面板中创建新图层并将其命名为"文字"，如图 15-140 所示。

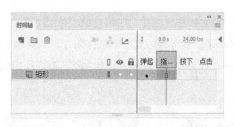

图 15-139

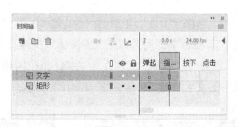

图 15-140

（14）选择"文本"工具 T ，在文本工具"属性"面板中进行设置。在舞台窗口中适当的位置输入大小为 18，字体为"微软雅黑"的白色文字，文字效果如图 15-141 所示。选中"文字"图层的"指针经过"帧，按 F6 键，插入关键帧，如图 15-142 所示。

（15）选择"选择"工具 ，在舞台窗口中选中文字，如图 15-143 所示。在工具箱中将"填充颜色"选项设为黄色（#FFCC00），效果如图 15-144 所示。

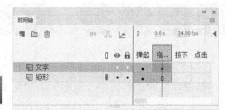

图 15-141

图 15-142

图 15-143

图 15-144

2. 制作动画 1

扫码观看
本案例视频

（1）单击舞台窗口左上方的"场景 1"图标  ，进入"场景 1"的舞台窗口。将"图层_1"重命名为"底图"。将"库"面板中的位图"01"拖曳到舞台窗口的中心位置，如图 15-145 所示。选中"底图"图层的第 95 帧，按 F5 键，插入普通帧，如图 15-146 所示。

（2）在"时间轴"面板中创建新图层并将其命名为"豆浆机"。将"库"面板中的图形元件"豆浆机"拖曳到舞台窗口中，并放置在适当的位置，如图 15-147 所示。

（3）选中"豆浆机"图层的第 25 帧，按 F6 键，插入关键帧。选中"豆浆机"图层的第 1 帧，在舞台窗口中选中"豆浆机"实例，在图形"属性"面板中选择"色彩效果"选项组，在"样式"选项的下拉列表中选择"Alpha"，将"Alpha"数量设为 0。舞台窗口中的效果如图 15-148 所示。

图 15-145

图 15-146

图 15-147

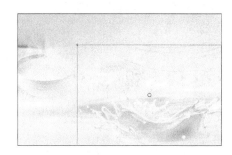

图 15-148

（4）用鼠标右键单击"豆浆机"图层的第 1 帧，在弹出的快捷菜单中选择"创建传统补间"命令，生成传统补间动画。

（5）在"时间轴"面板中创建新图层并将其命名为"价位牌"。选中"价位牌"图层的第 25 帧，按 F6 键，插入关键帧。将"库"面板中的图形元件"价位牌"拖曳到舞台窗口中，并放置在适当的位置，如图 15-149 所示。

（6）选中"价位牌"图层的第 50 帧，按 F6 键，插入关键帧。选中"价位牌"图层的第 25 帧，在舞台窗口中将"价位牌"实例垂直向下拖曳到适当的位置，如图 15-150 所示。在图形"属性"面板中选择"色彩效果"选项组，在"样式"选项的下拉列表中选择"Alpha"，将"Alpha"数量设为 0。

图 15-149

图 15-150

（7）用鼠标右键单击"价位牌"图层的第 25 帧，在弹出的快捷菜单中选择"创建传统补间"命令，生成传统补间动画。

（8）在"时间轴"面板中创建新图层并将其命名为"大豆"。选中"大豆"图层的第 50 帧，按 F6 键，插入关键帧。将"库"面板中的图形元件"大豆"拖曳到舞台窗口中，并放置在适当的位置，如图 15-151 所示。

（9）选中"大豆"图层的第 65 帧，按 F6 键，插入关键帧。选中"大豆"图层的第 50 帧，在舞台窗口中选中"大豆"实例，在图形"属性"面板中选择"色彩效果"选项组，在"样式"选项的下拉列表中选择"Alpha"，将"Alpha"数量设为 0。舞台窗口中的效果如图 15-152 所示。

（10）用鼠标右键单击"大豆"图层的第 50 帧，在弹出的快捷菜单中选择"创建传统补间"命令，生成传统补间动画。

图 15-151

图 15-152

3. 制作动画 2

扫码观看
本案例视频

（1）在"时间轴"面板中创建新图层并将其命名为"文字 1"。选中"文字 1"图层的第 50 帧，按 F6 键，插入关键帧。将"库"面板中的图形元件"文字 1"拖曳到舞台窗口中，并放置在适当的位置，如图 15-153 所示。

（2）选中"文字 1"图层的第 65 帧，按 F6 键，插入关键帧。选中"文字 1"图层的第 50 帧，在舞台窗口中将"文字 1"实例水平向左拖曳到适当的位置，如图 15-154 所示。用鼠标右键单击"文字 1"图层的第 50 帧，在弹出的快捷菜单中选择"创建传统补间"命令，生成传统补间动画。

图 15-153

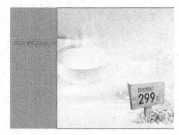

图 15-154

（3）在"时间轴"面板中创建新图层并将其命名为"文字 2"。选中"文字 2"图层的第 60 帧，按 F6 键，插入关键帧。将"库"面板中的图形元件"文字 2"拖曳到舞台窗口中，并放置在适当的位置，如图 15-155 所示。

（4）选中"文字 2"图层的第 75 帧，按 F6 键，插入关键帧。选中"文字 2"图层的第 60 帧，在舞台窗口中将"文字 2"实例水平向左拖曳到适当的位置，如图 15-156 所示。用鼠标右键单击"文字 2"图层的第 60 帧，在弹出的快捷菜单中选择"创建传统补间"命令，生成传统补间动画。

图 15-155

图 15-156

（5）在"时间轴"面板中创建新图层并将其命名为"文字 3"。选中"文字 3"图层的第 70 帧，按 F6 键，插入关键帧。将"库"面板中的图形元件"文字 3"拖曳到舞台窗口中，并放置在适当的位置，如图 15-157 所示。

（6）选中"文字 3"图层的第 85 帧，按 F6 键，插入关键帧。选中"文字 3"图层的第 70 帧，在舞台窗口中将"文字 3"实例水平向左拖曳到适当的位置，如图 15-158 所示。用鼠标右键单击"文字 3"图层的第 70 帧，在弹出的快捷菜单中选择"创建传统补间"命令，生成传统补间动画。

图 15-157   图 15-158

（7）在"时间轴"面板中创建新图层并将其命名为"按钮"。选中"按钮"图层的第 80 帧，按 F6 键，插入关键帧。将"库"面板中的按钮元件"按钮"拖曳到舞台窗口中，并放置在适当的位置，如图 15-159 所示。

（8）选中"按钮"图层的第 95 帧，按 F6 键，插入关键帧。选中"按钮"图层的第 80 帧，在舞台窗口中将"按钮"实例水平向左拖曳到适当的位置，如图 15-160 所示。用鼠标右键单击"按钮"图层的第 80 帧，在弹出的快捷菜单中选择"创建传统补间"命令，生成传统补间动画。

图 15-159   图 15-160

（9）在"时间轴"面板中创建新图层并将其命名为"动作脚本"。选中"动作脚本"图层的第 95 帧，按 F6 键，插入关键帧。选择"窗口 > 动作"命令，弹出"动作"面板，在"动作"面板中设置脚本语言，"脚本窗口"中显示的效果如图 15-161 所示。设置好动作脚本后，关闭"动作"面板。在"动作脚本"图层的第 95 帧上显示出一个标记"a"，如图 15-162 所示。豆浆机广告制作完成，按 Ctrl+Enter 组合键即可查看效果。

图 15-161   图 15-162

15.5　课堂练习——制作手机广告

🔗 练习知识要点

使用"导入到库"命令，导入素材；使用"新建元件"命令和文本工具，制作图形元件；使用矩形工具和"颜色"面板，制作高光效果；使用"创建传统补间"命令，制作补间动画；使用"遮罩层"命令，制作遮罩动画；使用"动作"面板，设置脚本语言。效果如图 15-163 所示。

扫码观看　　扫码观看
本案例视频　本案例视频

图 15-163

◉ 效果所在位置

云盘/Ch15/效果/制作手机广告.fla。

15.6　课后习题——制作女装广告

🔗 习题知识要点

使用"导入"命令，导入素材文件；使用"创建元件"命令，将导入的素材制作成图形元件；使用文字工具，输入广告语文本；使用"分离"命令，将输入的文字进行打散处理；使用"创建传统补间"命令，制作补间动画效果；使用"动作脚本"命令，添加动作脚本。效果如图 15-164 所示。

图 15-164

扫码观看　　　　　扫码观看　　　　　扫码观看　　　　　扫码观看
本案例视频　　　　本案例视频　　　　本案例视频　　　　本案例视频

 效果所在位置

云盘/Ch15/效果/制作女装广告.fla。

16

第16章
节目片头设计

随着影视产业的发展，节目片头的种类和涉及的方面都越发丰富。节目片头虽然时长较短，但却是一档节目的内容和性质的高度体现，并且对内容表达、技术含量以及艺术表现都有很高的要求，要能让观众眼前一亮。本章对节目片头进行简单的介绍，并从实战的角度对节目片头的案例分析、案例设计以及案例制作进行系统讲解与演练。通过对本章的学习，读者可以对节目片头设计有一个基本的认识，并快速掌握设计制作常用节目片头的方法。

课堂学习目标

- ✔ 了解节目片头的作用
- ✔ 掌握节目片头的设计思路
- ✔ 掌握节目片头的制作方法和技巧

16.1　节目片头设计

节目片头即节目开始的标志，是对节目内容的再创作，体现着节目的内容和性质，其时长通常在 15~30 秒。优秀的片头往往在内容表达、技术含量以及艺术表现上有着很高的水准，为节目起到锦上添花、画龙点睛的作用。如图 16-1 所示，左侧为《忘不了餐厅》片头，中间为《请回答！王牌》片头，右侧为《奇葩说》片头。

图 16-1

16.2　制作体育节目片头

16.2.1　案例分析

《运动无极限》是一档大型竞技类体育电视节目，为了营造真实的体育氛围，节目采用与专业体育赛事相同的直播形式。现要为此栏目制作片头，要求能够展现该节目的主要内容、宣传体育的魅力，并要体现出运动的拼搏精神。

在设计制作过程中，背景的处理采用灰色水墨的形式。画面富有极强的抽象性和形式感，体现出了体育运动的鲜活性和无限的可能性，并且独具中国传统风格。标题和图片居中显示使观众在观看时更加一目了然。

本例将使用文本工具，添加主体文字；使用"创建传统补间"命令，生成传统补间动画；使用"动作"面板，添加脚本语言。

16.2.2　案例设计

本案例的效果如图 16-2 所示。

图 16-2

16.2.3　案例制作

1. 导入素材并制作图形元件

扫码观看
本案例视频

（1）在欢迎页的"详细信息"选项组中，将"宽"项设为 700，"高"项设为 500，"平台类型"选项的下拉列表中选择"ActionScript 3.0"选项，单击"创建"按钮，完成文档的创建。按 Ctrl+J 组合键，弹出"文档设置"对话框，将"舞台颜色"设为橙黄色（#FF9900），单击"确定"按钮，完成舞台颜色的修改。

（2）选择"文件 > 导入 > 导入到库"命令，在弹出的"导入到库"对话框中，选择云盘中的"Ch16 > 素材 > 制作体育节目片头 > 01～13"文件，单击"打开"按钮，文件被导入到"库面板"中，如图 16-3 所示。

（3）在"库"面板中新建一个图形元件"人物 1"，如图 16-4 所示。舞台窗口也随之转换为图形元件的舞台窗口。将"库"面板中的位图"02"拖曳到舞台窗口中，如图 16-5 所示。

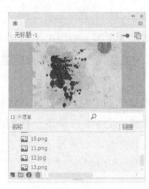

图 16-3

图 16-4

图 16-5

（4）用相同的方法将"库"面板中的位图"03""04""06""07""09""10""11"和"13"文件，分别制作成图形元件"墨点 1""光点""人物 2""墨点 2""保龄球""人物 3""墨点 3"和"人物 4"，如图 16-6、图 16-7 和图 16-8 所示。

（5）在"库"面板中新建一个图形元件"文字 1"，舞台窗口也随之转换为图形元件的舞台窗口。选择"文本"工具 T，在文本工具"属性"面板中进行设置。在舞台窗口中适当的位置输入大小为 42、字体为"方正字迹—吕建德行楷简体"的黑色文字，文字效果如图 16-9 所示。再次在舞台窗口中输入大小为 30、字母间距为 4、字体为"BrodyD"的黑色英文，文字效果如图 16-10 所示。

图 16-6　　　　　　　　图 16-7　　　　　　　　图 16-8

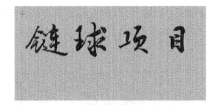
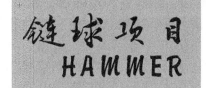

图 16-9　　　　　　　　　　　　　图 16-10

（6）用相同的方法分别制作图形元件"文字 2""文字 3""文字 4"，如图 16-11、图 16-12 和图 16-13 所示。

图 16-11　　　　　　　　图 16-12　　　　　　　　图 16-13

2. 制作画面 1 动画

（1）单击舞台窗口左上方的"场景 1"图标 场景 1，进入"场景 1"的舞台窗口。将"图层 1"重命名为"底图"。将"库"面板中的位图"01"拖曳到舞台窗口的中心位置，如图 16-14 所示。选中"底图"图层的第 220 帧，按 F5 键，插入普通帧。

扫码观看
本案例视频

（2）在"时间轴"面板中创建新图层并将其命名为"人物 1"。将"库"面板中的图形元件"人物 1"拖曳到舞台窗口中，并放置在适当的位置，如图 16-15 所示。选中"人物 1"图层的第 15 帧，按 F6 键，插入关键帧。选中"人物 1"图层的第 1 帧，在舞台窗口中将"人物 1"实例水平向左拖曳到适当的位置，如图 16-16 所示。

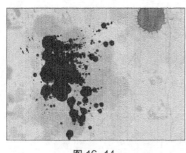

图 16-14   图 16-15   图 16-16

（3）用鼠标右键单击"人物 1"图层的第 1 帧，在弹出的快捷菜单中选择"创建传统补间"命令，生成传统补间动画。

（4）在"时间轴"面板中创建新图层并将其命名为"墨点 1"。选中"墨点 1"图层的第 10 帧，按 F6 键，插入关键帧。将"库"面板中的图形元件"墨点 1"拖曳到舞台窗口中，并放置在适当的位置，如图 16-17 所示。

（5）选中"墨点 1"图层的第 25 帧，按 F6 键，插入关键帧。选中"墨点 1"图层的第 10 帧，在舞台窗口中选中"墨点 1"实例，在图形"属性"面板中，选择"色彩效果"选项组，在"样式"选项下拉列表中选择"Alpha"选项，将"Alpha"数量设为 0，如图 16-18 所示。

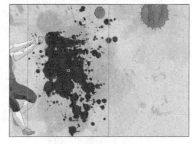

（6）用鼠标右键单击"墨点 1"图层的第 10 帧，在弹出的快捷菜单中选择"创建传统补间"命令，生成传统补间动画。

图 16-17

（7）在"时间轴"面板中创建新图层并将其命名为"光点"。选中"光点"图层的第 20 帧，按 F6 键，插入关键帧。将"库"面板中的图形元件"光点"拖曳到舞台窗口中，并放置在适当的位置，如图 16-19 所示。

（8）选中"光点"图层的第 35 帧，按 F6 键，插入关键帧。选中"光点"图层的第 20 帧，在舞台窗口中选中"光点"实例，在图形"属性"面板中，选择"色彩效果"选项组，在"样式"选项下拉列表中选择"Alpha"选项，将"Alpha"数量设为 0，如图 16-20 所示。

图 16-18   图 16-19   图 16-20

（9）用鼠标右键单击"光点"图层的第 20 帧，在弹出的快捷菜单中选择"创建传统补间"命令，生成传统补间动画。

（10）在"时间轴"面板中创建新图层并将其命名为"文字 1"。选中"文字"图层的第 35 帧，按 F6 键，插入关键帧。将"库"面板中的图形元件"文字 1"拖曳到舞台窗口中，并放置在适当的位置，如图 16-21 所示。

（11）选中"文字 1"图层的第 50 帧，按 F6 键，插入关键帧。选中"文字 1"图层的第 35 帧，在舞台窗口中将"文字 1"实例水平向右拖曳到适当的位置，如图 16-22 所示。

图 16-21

图 16-22

（12）用鼠标右键单击"文字 1"图层的第 35 帧，在弹出的快捷菜单中选择"创建传统补间"命令，生成传统补间动画。

3. 制作画面 2 动画

（1）在"时间轴"面板中创建新图层并将其命名为"背景 2"。选中"背景 2"图层的第 70 帧，按 F6 键，插入关键帧。将"库"面板中的位图"05"拖曳到舞台窗口的中心位置，如图 16-23 所示。

（2）在"时间轴"面板中创建新图层并将其命名为"人物 2"。选中"人物 2"图层的第 70 帧，按 F6 键，插入关键帧。将"库"面板中的图形元件"人物 2"拖曳到舞台窗口中，并放置在适当的位置，如图 16-24 所示。

（3）选中"人物 2"图层的第 85 帧，按 F6 键，插入关键帧。选中"人物 2"图层的第 70 帧，在舞台窗口中将"人物 2"实例水平向右拖曳到适当的位置，如图 16-25 所示。

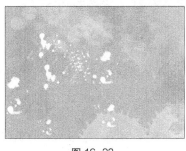
图 16-23

图 16-24

图 16-25

（4）用鼠标右键单击"人物 2"图层的第 70 帧，在弹出的快捷菜单中选择"创建传统补间"命令，生成传统补间动画。

（5）在"时间轴"面板中创建新图层并将其命名为"墨点 2"。选中"墨点 2"图层的第 80 帧，按 F6 键，插入关键帧。将"库"面板中的图形元件"墨点 2"拖曳到舞台窗口中，并放置在适当的位置，如图 16-26 所示。

（6）选中"墨点2"图层的第90帧，按F6键，插入关键帧。选中"墨点2"图层的第80帧，在舞台窗口中选中"墨点2"实例，在图形"属性"面板中，选择"色彩效果"选项组，在"样式"选项下拉列表中选择"Alpha"选项，将"Alpha"数量设为0，如图16-27所示。

图16-26

图16-27

（7）用鼠标右键单击"墨点2"图层的第80帧，在弹出的快捷菜单中选择"创建传统补间"命令，生成传统补间动画。

（8）在"时间轴"面板中创建新图层并将其命名为"文字2"。选中"文字2"图层的第90帧，按F6键，插入关键帧。将"库"面板中的图形元件"文字2"拖曳到舞台窗口中，并放置在适当的位置，如图16-28所示。

（9）选中"文字2"图层的第100帧，按F6键，插入关键帧。选中"文字2"图层的第90帧，在舞台窗口中将"文字2"实例水平向右拖曳到适当的位置，如图16-29所示。

图16-28

图16-29

（10）用鼠标右键单击"文字2"图层的第90帧，在弹出的快捷菜单中选择"创建传统补间"命令，生成传统补间动画。

4. 制作画面3动画

扫码观看
本案例视频

（1）在"时间轴"面板中创建新图层并将其命名为"背景3"。选中"背景3"图层的第130帧，按F6键，插入关键帧。将"库"面板中的位图"08"拖曳到舞台窗口的中心位置，如图16-30所示。

（2）在"时间轴"面板中创建新图层并将其命名为"人物3"。选中"人物3"图层的第130帧，按F6键，插入关键帧。将"库"面板中的图形元件"人物3"拖曳到舞台窗口中，并放置在适当的位置，如图16-31所示。

（3）选中"人物3"图层的第140帧，按F6键，插入关键帧。选中"人物3"图层的第130帧，在舞台窗口中将"人物 3"实例水平向左拖曳到适当的位置，如图 16-32 所示。用鼠标右键单击"人物 3"图层的第 130 帧，在弹出的快捷菜单中选择"创建传统补间"命令，生成传统补间动画。

  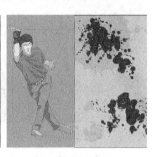

图 16-30   图 16-31   图 16-32

（4）在"时间轴"面板中创建新图层并将其命名为"墨点 3"。选中"墨点 3"图层的第 140 帧，按 F6 键，插入关键帧。将"库"面板中的图形元件"墨点 3"拖曳到舞台窗口中，并放置在适当的位置，如图 16-33 所示。

（5）选中"墨点 3"图层的第 150 帧，按 F6 键，插入关键帧。选中"墨点 3"图层的第 140 帧，在舞台窗口中选中"墨点 3"实例，在图形"属性"面板中，选择"色彩效果"选项组，在"样式"选项下拉列表中选择"Alpha"选项，将"Alpha"数量设为 0，如图 16-34 所示。

（6）用鼠标右键单击"墨点 3"图层的第 140 帧，在弹出的快捷菜单中选择"创建传统补间"命令，生成传统补间动画。

（7）在"时间轴"面板中创建新图层并将其命名为"保龄球"。选中"保龄球"图层的第 140 帧，按 F6 键，插入关键帧。将"库"面板中的图形元件"保龄球"拖曳到舞台窗口中，如图 16-35 所示。

图 16-33   图 16-34   图 16-35

（8）选中"保龄球"图层的第 150 帧，按 F6 键，插入关键帧。在舞台窗口中将"保龄球"实例水平向右拖曳到适当的位置，如图 16-36 所示。用鼠标右键单击"保龄球"图层的第 140 帧，在弹出的快捷菜单中选择"创建传统补间"命令，生成传统补间动画。

（9）在"时间轴"面板中创建新图层并将其命名为"文字 3"。选中"文字 3"图层的第 150 帧，按 F6 键，插入关键帧。将"库"面板中的图形元件"文字 3"拖曳到舞台窗口中，并放置在适当的位置，如图 16-37 所示。

（10）选中"文字 3"图层的第 165 帧，按 F6 键，插入关键帧。选中"文字 3"图层的第 150 帧，在舞台窗口中将"文字 3"实例垂直向上拖曳到适当的位置，如图 16-38 所示。用鼠标右键单击"文字3"图层的第150帧，在弹出的快捷菜单中选择"创建传统补间"命令，生成传统补间动画。

图 16-36

图 16-37

图 16-38

5. 制作画面4动画

扫码观看
本案例视频

（1）在"时间轴"面板中创建新图层并将其命名为"背景4"。选中"背景4"图层的第185帧，按F6键，插入关键帧。将"库"面板中的位图"12"拖曳到舞台窗口的中心位置，如图16-39所示。

（2）在"时间轴"面板中创建新图层并将其命名为"人物4"。选中"人物4"图层的第185帧，按F6键，插入关键帧。将"库"面板中的图形元件"人物4"拖曳到舞台窗口中，并放置在适当的位置，如图16-40所示。

图 16-39

图 16-40

（3）选中"人物4"图层的第200帧，按F6键，插入关键帧。选中"人物4"图层的第185帧，在舞台窗口中将"人物4"实例垂直向下拖曳到适当的位置，如图16-41所示。在图形"属性"面板中，选择"色彩效果"选项组，在"样式"选项下拉列表中选择"Alpha"选项，将"Alpha"数量设为0，如图16-42所示。舞台窗口中的效果如图16-43所示。

图 16-41

图 16-42

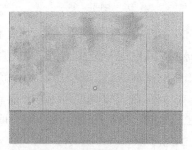
图 16-43

（4）用鼠标右键单击"人物4"图层的第185帧，在弹出的快捷菜单中选择"创建传统补间"命令，生成传统补间动画。

（5）在"时间轴"面板中创建新图层并将其命名为"文字 4"。选中"文字 4"图层的第 185 帧，按 F6 键，插入关键帧。将"库"面板中的图形元件"文字 4"拖曳到舞台窗口中，并放置在适当的位置，如图 16-44 所示。

（6）选中"文字 4"图层的第 200 帧，按 F6 键，插入关键帧。选中"文字 4"图层的第 185 帧，在舞台窗口中将"文字 4"实例垂直向上拖曳到适当的位置，如图 16-45 所示。在图形"属性"面板中，选择"色彩效果"选项组，在"样式"选项下拉列表中选择"Alpha"选项，将"Alpha"数量设为 0。舞台窗口中的效果如图 16-46 所示。

| 图 16-44 | 图 16-45 | 图 16-46 |

（7）用鼠标右键单击"文字 4"图层的第 185 帧，在弹出的快捷菜单中选择"创建传统补间"命令，生成传统补间动画。

（8）在"时间轴"面板中创建新图层并将其命名为"动作脚本"。选中"动作脚本"图层的第 220 帧，按 F6 键，插入关键帧。按 F9 键，弹出"动作"面板，在"动作"面板中设置脚本语言，"脚本窗口"中显示的效果如图 16-47 所示。体育节目片头制作完成，按 Ctrl+Enter 组合键即可查看效果，如图 16-48 所示。

| 图 16-47 | 图 16-48 |

16.3 制作谈话节目片头

16.3.1 案例分析

"说点啥"是一档由"椰饼干"工作室出品的谈话类达人秀节目。节目提倡用幽默跟生活和解，用积极、乐观的态度面对生活的烦恼。现要为此节目制作片头，要求能够展现该节目的主旨消息，宣传节目内容。

　　在设计过程中，首先考虑把背景设计得生动有趣，所以运用了火箭和几何装饰图形在画面中搭配，使画面活泼生动，营造出欢快愉悦的节目氛围。

　　本例将使用"导入到库"命令和"新建元件"命令，导入素材并制作图形元件；使用"变形"面板，调整实例的大小及文字的角度；使用"属性"面板，调整实例的透明度；使用"创建传统补间"命令，制作动画效果。

16.3.2　案例设计

　　本案例的效果如图 16-49 所示。

图 16-49

16.3.3　案例制作

1. 导入素材并制作图形元件

扫码观看
本案例视频

　　（1）在欢迎页的"详细信息"选项组中，将"宽"项设为 800，"高"项设为 600，"平台类型"选项的下拉列表中选择"ActionScript 3.0"选项，单击"创建"按钮，完成文档的创建。按 Ctrl+J 组合键，弹出"文档设置"对话框，将"舞台颜色"设为淡绿色（#C4DAFF），单击"确定"按钮，完成舞台颜色的修改。

　　（2）选择"文件 > 导入 > 导入到库"命令，在弹出的"导入到库"对话框中，选择云盘中的"Ch16 > 素材 > 制作谈话节目片头 > 01～13"文件，单击"打开"按钮，将选中的文件导入到"库"面板中，如图 16-50 所示。

　　（3）按 Ctrl+F8 组合键，弹出"创建新元件"对话框。在"名称"项的文本框中输入"人物 1"，在"类型"选项下拉列表中选择"图形"选项。单击"确定"按钮，新建图形元件"人物 1"，如图 16-51 所示。舞台窗口也随之转换为图形元件的舞台窗口。将"库"面板中的位图"02"拖曳到舞台窗口中，并放置在适当的位置，如图 16-52 所示。

　　（4）在"库"面板中新建一个图形元件"云"，如图 16-53 所示。舞台窗口也随之转换为图形元件的舞台窗口。将"库"面板中的位图"03"拖曳到舞台窗口中，并放置在适当的位置，如图 16-54 所示。

图 16-50

图 16-51

图 16-52

图 16-53

图 16-54

（5）用上述的方法将"库"面板中的位图"04""05""06""07""08""09""11""12"和"13"文件，分别制作成图形元件"装饰""会话泡""窗户""人物 2""人物 3""人物 4""底图""小火箭"和"文字 3"，如图 16-55、图 16-56 和图 16-57 所示。

图 16-55

图 16-56

图 16-57

（6）在"库"面板中新建一个图形元件"文字 1"，如图 16-58 所示。舞台窗口也随之转换为图形元件的舞台窗口。选择"文本"工具 T，在文本工具"属性"面板中进行设置。在舞台窗口中适当的位置输入大小为 73、字母间距为-7、字体为"方正俊黑简体"的黑色文字，文字效果如图 16-59 所示。

（7）选择"选择"工具 ，选中文字。按 Ctrl+T 组合键，弹出"变形"面板，将"缩放宽度"项设为 100，"缩放高度"项设为 110，"旋转"项设为-11，如图 16-60 所示。效果如图 16-61 所示。

图 16-58

图 16-59

图 16-60

（8）保持文字的选取状态，按 Ctrl+C 组合键，将其复制。在工具箱中将"填充颜色"设为白色，效果如图 16-62 所示。

（9）按 Ctrl+Shift+V 组合键，将复制的位置原位粘贴，按向上和向左的方向键多次，调整文字的位置，效果如图 16-63 所示。用相同的方法制作图形元件"文字 2"，如图 16-64 所示。

图 16-61

图 16-62

图 16-63

图 16-64

2. 制作画面 1 动画

扫码观看
本案例视频

（1）单击舞台窗口左上方的"场景 1"图标 场景 1，进入"场景 1"的舞台窗口。将"图层_1"重命名为"底图"，如图 16-65 所示。将"库"面板中的位图"01"拖曳到舞台窗口的中心位置，如图 16-66 所示。选中"底图"图层的第 60 帧，按 F5 键，插入普通帧。

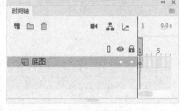

图 16-65

（2）在"时间轴"面板中创建新图层并将其命名为"人物 1"。将"库"面板中的图形元件"人物 1"拖曳到舞台窗口中，并放置在适当的位置，如图 16-67 所示。选中"人物 1"图层的第 10 帧，按 F6 键，插入关键帧。

（3）选中"人物 1"图层的第 1 帧，在舞台窗口中将"人物 1"实例垂直向下拖曳到适当的位置，如图 16-68 所示。用鼠标右键单击"人物 1"图层的第 1 帧，在弹出的快捷菜单中选择"创建传统补间"命令，生成传统补间动画。

图 16-66   图 16-67   图 16-68

（4）在"时间轴"面板中创建新图层并将其命名为"文字 1"。选中"文字 1"图层的第 10 帧，按 F6 键，插入关键帧。将"库"面板中的图形元件"文字 1"拖曳到舞台窗口中，并放置在适当的位置，如图 16-69 所示。选中"文字 1"图层的第 20 帧，按 F6 键，插入关键帧。

（5）选中"文字 1"图层的第 10 帧，在舞台窗口中将"文字 1"实例水平向左拖曳到适当的位置，如图 16-70 所示。在图形"属性"面板中，选择"色彩效果"选项组，在"样式"选项下拉列表中选择"Alpha"选项，将"Alpha"数量设为 0。舞台窗口中的效果如图 16-71 所示。

图 16-69   图 16-70   图 16-71

（6）用鼠标右键单击"文字 1"图层的第 10 帧，在弹出的快捷菜单中选择"创建传统补间"命令，生成传统补间动画。

（7）在"时间轴"面板中创建新图层并将其命名为"文字 2"。选中"文字 2"图层的第 10 帧，按 F6 键，插入关键帧。将"库"面板中的图形元件"文字 2"拖曳到舞台窗口中，并放置在适当的位置，如图 16-72 所示。选中"文字 2"图层的第 20 帧，按 F6 键，插入关键帧。

（8）选中"文字 2"图层的第 10 帧，在舞台窗口中将"文字 2"实例水平向右拖曳到适当的位置，如图 16-73 所示。在图形"属性"面板中，选择"色彩效果"选项组，在"样式"选项下拉列表中选择"Alpha"选项，将"Alpha"数量设为 0。舞台窗口中的效果如图 16-74 所示。

（9）用鼠标右键单击"文字 2"图层的第 10 帧，在弹出的快捷菜单中选择"创建传统补间"命令，生成传统补间动画。

（10）在"时间轴"面板中创建新图层并将其命名为"装饰"。选中"装饰"图层的第 20 帧，按 F6 键，插入关键帧。将"库"面板中的图形元件"装饰"拖曳到舞台窗口中，并放置在适当的位置，如图 16-75 所示。选中"装饰"图层的第 25 帧，按 F6 键，插入关键帧。

图 16-72

图 16-73

图 16-74

（11）选中"装饰"图层的第 20 帧，在舞台窗口中选中"装饰"实例，在图形"属性"面板中，选择"色彩效果"选项组，在"样式"选项下拉列表中选择"Alpha"选项，将"Alpha"数量设为 0，如图 16-76 所示。舞台窗口中的效果如图 16-77 所示。

图 16-75

图 16-76

图 16-77

（12）用鼠标右键单击"装饰"图层的第 20 帧，在弹出的快捷菜单中选择"创建传统补间"命令，生成传统补间动画。

（13）在"时间轴"面板中创建新图层并将其命名为"云"。选中"云"图层的第 20 帧，按 F6 键，插入关键帧。将"库"面板中的图形元件"云"拖曳到舞台窗口中，并放置在适当的位置，如图 16-78 所示。选中"云"图层的第 30 帧，按 F6 键，插入关键帧。

（14）选中"云"图层的第 20 帧，在舞台窗口中将"云"实例水平向右拖曳到适当的位置，如图 16-79 所示。在图形"属性"面板中，选择"色彩效果"选项组，在"样式"选项下拉列表中选择"Alpha"选项，将"Alpha"数量设为 0。舞台窗口中的效果如图 16-80 所示。

图 16-78

图 16-79

图 16-80

（15）用鼠标右键单击"云"图层的第 20 帧，在弹出的快捷菜单中选择"创建传统补间"命令，生成传统补间动画。

（16）在"时间轴"面板中创建新图层并将其命名为"会话泡"。选中"会话泡"图层的第 20 帧，按 F6 键，插入关键帧。将"库"面板中的图形元件"会话泡"拖曳到舞台窗口中，并放置在适当的位置，如图 16-81 所示。选中"会话泡"图层的第 25 帧，按 F6 键，插入关键帧。

（17）选中"会话泡"图层的第 20 帧，在舞台窗口中选中"会话泡"实例，在图形"属性"面板中，选择"色彩效果"选项组，在"样式"选项下拉列表中选择"Alpha"选项，将"Alpha"数量设为 0，如图 16-82 所示。舞台窗口中的效果如图 16-83 所示。

图 16-81   图 16-82   图 16-83

（18）用鼠标右键单击"会话泡"图层的第 20 帧，在弹出的快捷菜单中选择"创建传统补间"命令，生成传统补间动画。

3．制作画面 2 动画

（1）在"时间轴"面板中创建新图层并将其命名为"窗口"。选中"窗口"图层的第 61 帧，按 F6 键，插入关键帧。将"库"面板中的图形元件"窗户"拖曳到舞台窗口中，并放置在适当的位置，如图 16-84 所示。选中"窗口"图层的第 120 帧，按 F5 键，插入普通帧。

扫码观看
本案例视频

（2）选中"窗口"图层的第 65 帧，按 F6 键，插入关键帧。选中"窗口"图层的第 61 帧，在舞台窗口中将"窗户"实例垂直向上拖曳到适当的位置，如图 16-85 所示。

图 16-84   图 16-85

（3）用鼠标右键单击"窗口"图层的第 61 帧，在弹出的快捷菜单中选择"创建传统补间"命令，生成传统补间动画。

（4）在"时间轴"面板中创建新图层并将其命名为"人物 2"。选中"人物 2"图层的第 65 帧，按 F6 键，插入关键帧。将"库"面板中的图形元件"人物 2"拖曳到舞台窗口中，并放置在适当的位置，如图 16-86 所示。选中"人物 2"图层的第 75 帧，按 F6 键，插入关键帧。

（5）选中"人物 2"图层的第 65 帧，在舞台窗口中选中"人物 2"实例，在图形"属性"面板中，选择"色彩效果"选项组，在"样式"选项下拉列表中选择"Alpha"选项，将"Alpha"数量设为 0，如图 16-87 所示。舞台窗口中的效果如图 16-88 所示。

图 16-86 图 16-87 图 16-88

（6）用鼠标右键单击"人物 2"图层的第 65 帧，在弹出的快捷菜单中选择"创建传统补间"命令，生成传统补间动画。

（7）在"时间轴"面板中创建新图层并将其命名为"人物 3"。选中"人物 3"图层的第 75 帧，按 F6 键，插入关键帧。将"库"面板中的图形元件"人物 3"拖曳到舞台窗口中，并放置在适当的位置，如图 16-89 所示。选中"人物 3"图层的第 85 帧，按 F6 键，插入关键帧。

（8）选中"人物 3"图层的第 75 帧，在舞台窗口中将"人物 3"实例水平向左拖曳到适当的位置，如图 16-90 所示。在舞台窗口中选中"人物 3"实例，在图形"属性"面板中，选择"色彩效果"选项组，在"样式"选项下拉列表中选择"Alpha"选项，将"Alpha"数量设为 0。舞台窗口中的效果如图 16-91 所示。

图 16-89 图 16-90 图 16-91

（9）用鼠标右键单击"人物 3"图层的第 75 帧，在弹出的快捷菜单中选择"创建传统补间"命令，生成传统补间动画。

（10）在"时间轴"面板中创建新图层并将其命名为"人物 4"。选中"人物 4"图层的第 75 帧，按 F6 键，插入关键帧。将"库"面板中的图形元件"人物 4"拖曳到舞台窗口中，并放置在适当的位置，如图 16-92 所示。选中"人物 4"图层的第 85 帧，按 F6 键，插入关键帧。

（11）选中"人物 4"图层的第 75 帧，在舞台窗口中将"人物 4"实例水平向右拖曳到适当的位置，如图 16-93 所示。在舞台窗口中选中"人物 4"实例，在图形"属性"面板中，选择"色彩效果"选项组，在"样式"选项下拉列表中选择"Alpha"选项，将"Alpha"数量设为 0。舞台窗口中的效果如图 16-94 所示。

图 16-92

图 16-93

图 16-94

（12）用鼠标右键单击"人物 4"图层的第 75 帧，在弹出的快捷菜单中选择"创建传统补间"命令，生成传统补间动画，如图 16-95 所示。

（13）在"时间轴"面板中创建新图层并将其命名为"装饰 1"。选中"装饰 1"图层的第 65 帧，按 F6 键，插入关键帧。将"库"面板中的位图"10"拖曳到舞台窗口中，并放置在适当的位置，如图 16-96 所示。

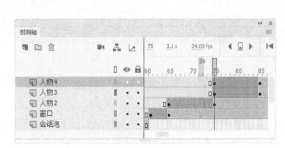
图 16-95

图 16-96

4. 制作画面 3 动画

（1）在"时间轴"面板中创建新图层并将其命名为"底图 3"。选中"底图 3"图层的第 115 帧，按 F6 键，插入关键帧。将"库"面板中的图形元件"底图"拖曳到舞台窗口的中心位置，如图 16-97 所示。选中"底图 3"图层的第 180 帧，按 F5 键，插入普通帧。

扫码观看
本案例视频

（2）选中"底图 3"图层的第 12 帧，按 F6 键，插入关键帧。选中"底图 3"图层的第 115 帧，在舞台窗口中选中"底图"实例，在图形"属性"面板中，选择"色彩效果"选项组，在"样式"选项下拉列表中选择"Alpha"选项，将"Alpha"数量设为 0，如图 16-98 所示。

图 16-97

图 16-98

（3）用鼠标右键单击"底图 3"图层的第 115 帧，在弹出的快捷菜单中选择"创建传统补间"命令，生成传统补间动画。

（4）在"时间轴"面板中创建新图层并将其命名为"火箭"。选中"火箭"图层的第 121 帧，按 F6 键，插入关键帧。将"库"面板中的图形元件"小火箭"拖曳到舞台窗口中，并放置在适当的位置，如图 16-99 所示。

（5）选中"火箭"图层的第 130 帧，按 F6 键，插入关键帧。选中"火箭"图层的第 121 帧，在舞台窗口中将"小火箭"实例拖曳到适当的位置，如图 16-100 所示。在图形"属性"面板中，选择"色彩效果"选项组，在"样式"选项下拉列表中选择"Alpha"选项，将"Alpha"数量设为 0。舞台窗口中的效果如图 16-101 所示。

  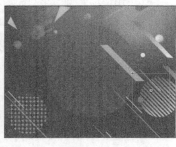

图 16-99   图 16-100   图 16-101

（6）用鼠标右键单击"火箭"图层的第 121 帧，在弹出的快捷菜单中选择"创建传统补间"命令，生成传统补间动画。

（7）在"时间轴"面板中创建新图层并将其命名为"文字 3"。选中"文字 3"图层的第 130 帧，按 F6 键，插入关键帧。将"库"面板中的图形元件"文字 3"拖曳到舞台窗口中，并放置在适当的位置，如图 16-102 所示。

（8）分别选中"文字 3"图层的第 140 帧、第 150 帧、第 160 帧，按 F6 键，插入关键帧。选中"文字 3"图层的第 130 帧，在舞台窗口中将"文字 3"实例垂直向上拖曳到适当的位置，如图 16-103 所示。选中"文字 3"图层的第 150 帧，在舞台窗口中将"文字 3"实例垂直向上拖曳到适当的位置，如图 16-104 所示。

图 16-102   图 16-103   图 16-104

（9）按 Ctrl+T 组合键，弹出"变形"面板，将"缩放宽度"选项和"缩放高度"项均设为 120，如图 16-105 所示，效果如图 16-106 所示。

（10）分别用鼠标右键单击"文字 3"图层的第 130 帧、第 140 帧、第 150 帧，在弹出的快捷菜单中选择"创建传统补间"命令，生成传统补间动画，如图 16-107 所示。

图 16-105   图 16-106   图 16-107

（11）在"时间轴"面板中创建新图层并将其命名为"动作脚本"。选中"动作脚本"图层的第 180 帧，按 F6 键，插入关键帧。选择"窗口 > 动作"命令，弹出"动作"面板，在"动作"面板中设置脚本语言，"脚本窗口"中显示的效果如图 16-108 所示。设置好动作脚本后，关闭"动作"面板。在"动作脚本"图层的第 180 帧上显示出一个标记"a"，如图 16-109 所示。谈话节目片头制作完成，按 Ctrl+Enter 组合键即可查看效果，如图 16-110 所示。

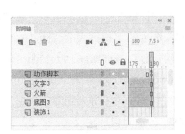

图 16-108   图 16-109   图 16-110

16.4　制作音乐节目片头

16.4.1　案例分析

音乐类影视节目为观众传达多元的思想、缤纷的文化，以及无尽的感动。而音乐节目的片头就是这些感受的简短展示。本例要求为"你我来说唱"音乐节目制作片头，要求设计能满足观众的精神需求，并且能够直接明确地表达主题。

在设计过程中，使用红色的背景烘托影片氛围，标题在背景的映衬下更加醒目，很好地传达了节目理念，能够吸引观众的关注，引起收看欲望。

本例将使用"导入到库"命令和"新建元件"命令，导入素材并制作图形元件；使用"新建元件"命令，制作影片剪辑元件；使用"时间轴"面板，控制画面的出场时间。

16.4.2　案例设计

本案例的效果如图 16-111 所示。

图 16-111

16.4.3　案例制作

1. 导入素材并制作图形元件

扫码观看
本案例视频

（1）在欢迎页的"详细信息"选项组中，将"宽"项设为 800，"高"项设为 600，"平台类型"选项的下拉列表中选择"ActionScript 3.0"选项，单击"创建"按钮，完成文档的创建。按 Ctrl+J 组合键，弹出"文档设置"对话框，将"舞台颜色"设为红色（#CE2C37），单击"确定"按钮，完成舞台颜色的修改。

（2）选择"文件 > 导入 > 导入到库"命令，在弹出的"导入到库"对话框中，选择云盘中的"Ch16 > 素材 > 制作音乐节目片头 > 01 ~ 12"文件，单击"打开"按钮，将选中的文件导入到"库"面板中，如图 16-112 所示。

（3）按 Ctrl+F8 组合键，弹出"创建新元件"对话框。在"名称"项的文本框中输入"唱片"，在"类型"选项下拉列表中选择"图形"选项。单击"确定"按钮，新建图形元件"唱片"，如图 16-113 所示。舞台窗口也随之转换为图形元件的舞台窗口。将"库"面板中的位图"01"拖曳到舞台窗口中，并放置在适当的位置，如图 16-114 所示。

图 16-112

图 16-113

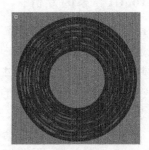

图 16-114

（4）在"库"面板中新建一个图形元件"话筒"，如图 16-115 所示。舞台窗口也随之转换为图形元件的舞台窗口。将"库"面板中的位图"02"拖曳到舞台窗口中，如图 16-116 所示。

图 16-115　　　　　　　　　　　　图 16-116

（5）用相同的方法将"库"面板中的位图"03""04""05""06""07""08""09""10""11"和"12"文件，分别制作成图形元件"人物""录音机""mp4""耳机""磁带""话筒 2""底图""水墨""耳机 2"和"皇冠"，如图 16-117、图 16-118 和图 16-119 所示。

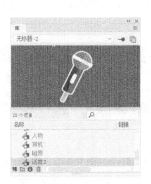

图 16-117　　　　　　　图 16-118　　　　　　　图 16-119

（6）在"库"面板中新建一个图形元件"文字"，如图 16-120 所示。舞台窗口也随之转换为图形元件的舞台窗口。选择"文本"工具 T，在文本工具"属性"面板中进行设置。在舞台窗口中适当的位置输入大小为 45、字体为"Impact"的白色文字，文字效果如图 16-121 所示。

图 16-120　　　　　　　　　　　　图 16-121

2. 制作影片剪辑元件

（1）在"库"面板中新建一个影片剪辑元件"文字动"，如图 16-122 所示。舞台窗口也随之转换为影片剪辑元件的舞台窗口。选择"文本"工具 T，在文本工具"属性"面板中进行设置。在舞台窗口中适当的位置输入大小为 94、字母间距为-5、字体为"方正粗谭黑简体"的白色文字，文字效果如图 16-123 所示。

扫码观看
本案例视频

图 16-122

图 16-123

（2）选择"选择"工具 ，选中文字，如图 16-124 所示。按 Ctrl+B 组合键，将文字打散，效果如图 16-125 所示。

图 16-124

图 16-125

（3）选中文字"你"，如图 16-126 所示。按 F8 键，在弹出的"转换为元件"对话框中进行设置，如图 16-127 所示。单击"确定"按钮，将文字转为图形元件。

图 16-126

图 16-127

（4）用相同的方法将文字"我""来""说""唱"，分别转为为图形元件"我""来""说""唱"，如图 16-128 所示。

（5）按 Ctrl+A 组合键，将舞台窗口中的所有实例选中，如图 16-129 所示。选择"修改 > 时间轴 > 分散到图层"命令，将所有实例分散到独立层，如图 16-130 所示。删除"图层_1"。

（6）选中所有图层的第 10 帧，如图 16-131 所示，按 F6 键，插入关键帧。用相同的方法在所有图层的第 20 帧插入关键帧，如图 16-132 所示。

（7）选中"你"图层的第 10 帧，按 Ctrl+T 组合键，弹出"变形"面板，将"缩放宽度"项和"缩放高度"项均设为 150，如图 16-133 所示，效果如图 16-134 所示。用相同的方法分别设置"我""来""说"和"唱"图层的第 10 帧，效果如图 16-135 所示。

图 16-128   图 16-129   图 16-130

图 16-131   图 16-132

图 16-133   图 16-134   图 16-135

（8）选中"你"图层的第 1 帧，在舞台窗口中框选中所有实例，在图形"属性"面板中，选择"色彩效果"选项组，在"样式"选项下拉列表中选择"Alpha"选项，将"Alpha"数量设为 0，如图 16-136所示。舞台窗口中的效果如图 16-137 所示。

图 16-136

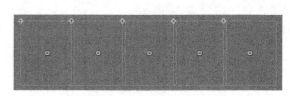

图 16-137

（9）分别用鼠标右键单击所有图层的第 1 帧，在弹出的快捷菜单中选择"创建传统补间"命令，生成传统补间动画，如图 16-138 所示。分别用鼠标右键单击所有图层的第 10 帧，在弹出的快捷菜单中选择"创建传统补间"命令，生成传统补间动画，如图 16-139 所示。

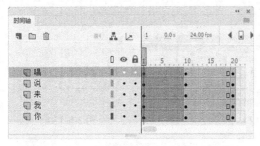

图 16-138　　　　　　　　　　　　　图 16-139

（10）单击"我"图层的图层名称，选中该层中的所有帧，将所有帧向后拖曳至与"你"图层隔 5 帧的位置，如图 16-140 所示。用同样的方法依次对其他图层进行操作，如图 16-141 所示。

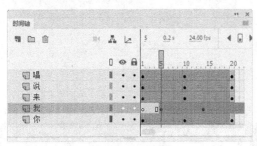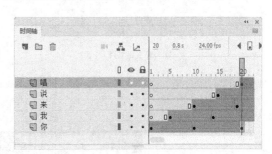

图 16-140　　　　　　　　　　　　　图 16-141

（11）选中所有图层的第 65 帧，按 F5 键，插入普通帧，如图 16-142 所示。在"时间轴"面板中创建新图层并将其命名为"动作脚本"。选中"动作脚本"图层的第 65 帧，按 F6 键，插入关键帧。选择"窗口 > 动作"命令，弹出"动作"面板，在"脚本窗口"中设置脚本语言，如图 16-143 所示。设置好动作脚本后，关闭"动作"面板。在"动作脚本"图层的第 65 帧上显示出一个标记"a"，如图 16-144 所示。

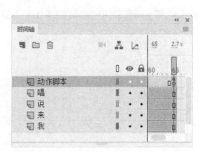

图 16-142　　　　　　图 16-143　　　　　　图 16-144

3. 制作场景动画 1

（1）单击舞台窗口左上方的"场景 1"图标 场景 1，进入"场景 1"的舞台窗口。将"图层_1"重命名为"唱片"，如图 16-145 所示。将"库"面板中的图形元件"唱片"拖曳到舞台窗口的中心位置，如图 16-146 所示。选中"唱片"图层的第 60 帧，按 F5 键，插入普通帧。

扫码观看
本案例视频

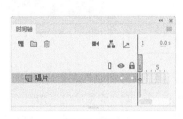

图 16-145

图 16-146

（2）选中"唱片"图层的第 10 帧，按 F6 键，插入关键帧。选中"唱片"图层的第 1 帧，在舞台窗口中选中"唱片"实例，在图形"属性"面板中，选择"色彩效果"选项组，在"样式"选项下拉列表中选择"Alpha"选项，将"Alpha"数量设为 0，如图 16-147 所示。舞台窗口中的效果如图 16-148 所示。

（3）用鼠标右键单击"唱片"图层的第 1 帧，在弹出的快捷菜单中选择"创建传统补间"命令，生成传统补间动画。

（4）在"时间轴"面板中创建新图层并将其命名为"话筒"。选中"话筒"图层的第 10 帧，按 F6 键，插入关键帧。将"库"面板中的图形元件"话筒"拖曳到舞台窗口中，并放置在适当的位置，如图 16-149 所示。

图 16-147

图 16-148

图 16-149

（5）选中"话筒"图层的第 20 帧，按 F6 键，插入关键帧。用鼠标右键单击"话筒"图层的第 10 帧，在弹出的快捷菜单中选择"创建传统补间"命令，生成传统补间动画。

（6）选中"话筒"图层的第 10 帧，在帧"属性"面板中，选择"补间"选项组，在"旋转"选项下拉列表中选择"顺时针"选项，将"旋转次数"设为 1，如图 16-150 所示。

（7）在"时间轴"面板中将"唱片"图层拖曳到"话筒"图层的上方，如图 16-151 所示，效果如图 16-152 所示。

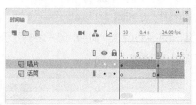

图 16-150　　　　　　　　　　图 16-151　　　　　　　　　　图 16-152

4. 制作场景动画 2

扫码观看
本案例视频

（1）在"时间轴"面板中创建新图层并将其命名为"人物"。选中"人物"图层的第 61 帧，按 F6 键，插入关键帧。将"库"面板中的图形元件"人物"拖曳到舞台窗口中，并放置在适当的位置，如图 16-153 所示。选中"人物"图层的第 120 帧，按 F5 键，插入普通帧。

（2）选中"人物"图层的第 70 帧，按 F6 键，插入关键帧。选中"人物"图层的第 61 帧，在舞台窗口中将"人物"实例垂直向下拖曳到适当的位置，如图 16-154 所示。在图形"属性"面板中，选择"色彩效果"选项组，在"样式"选项下拉列表中选择"Alpha"选项，将"Alpha"数量设为 0，舞台窗口中效果如图 16-155 所示。

图 16-153　　　　　　　　　　图 16-154　　　　　　　　　　图 16-155

（3）用鼠标右键单击"人物"图层的第 61 帧，在弹出的快捷菜单中选择"创建传统补间"命令，生成传统补间动画。

（4）在"时间轴"面板中创建新图层并将其命名为"录音机"。选中"录音机"图层的第 70 帧，按 F6 键，插入关键帧。将"库"面板中的图形元件"录音机"拖曳到舞台窗口中，并放置在适当的位置，如图 16-156 所示。

（5）选中"录音机"图层的第 80 帧，按 F6 键，插入关键帧。选中"录音机"图层的第 70 帧，在舞台窗口中将"录音机"实例水平向左拖曳到适当的位置，如图 16-157 所示。

（6）用鼠标右键单击"录音机"图层的第 70 帧，在弹出的快捷菜单中选择"创建传统补间"命令，生成传统补间动画。

（7）在"时间轴"面板中创建新图层并将其命名为"耳机"。选中"耳机"图层的第 75 帧，按 F6 键，插入关键帧。将"库"面板中的图形元件"耳机"拖曳到舞台窗口中，并放置在适当的位置，如图 16-158 所示。

（8）选中"耳机"图层的第 85 帧，按 F6 键，插入关键帧。选中"耳机"图层的第 75 帧，在舞台窗口中将"耳机"实例垂直向上拖曳到适当的位置，如图 16-159 所示。

图 16-156

图 16-157

图 16-158

图 16-159

（9）用鼠标右键单击"耳机"图层的第 75 帧，在弹出的快捷菜单中选择"创建传统补间"命令，生成传统补间动画。

（10）在"时间轴"面板中创建新图层并将其命名为"话筒 2"。选中"话筒 2"图层的第 80 帧，按 F6 键，插入关键帧。将"库"面板中的图形元件"话筒 2"拖曳到舞台窗口中，并放置在适当的位置，如图 16-160 所示。

（11）选中"话筒 2"图层的第 90 帧，按 F6 键，插入关键帧。选中"话筒 2"图层的第 80 帧，在舞台窗口中将"话筒 2"实例水平向左拖曳到适当的位置，如图 16-161 所示。

图 16-160

图 16-161

（12）用鼠标右键单击"话筒 2"图层的第 80 帧，在弹出的快捷菜单中选择"创建传统补间"命令，生成传统补间动画。

（13）在"时间轴"面板中创建新图层并将其命名为"mp4"。选中"mp4"图层的第 85 帧，按

F6 键，插入关键帧。将"库"面板中的图形元件"mp4"拖曳到舞台窗口中，并放置在适当的位置，如图 16-162 所示。

（14）选中"mp4"图层的第 95 帧，按 F6 键，插入关键帧。选中"mp4"图层的第 85 帧，在舞台窗口中将"mp4"实例水平向右拖曳到适当的位置，如图 16-163 所示。

图 16-162

图 16-163

（15）用鼠标右键单击"mp4"图层的第 85 帧，在弹出的快捷菜单中选择"创建传统补间"命令，生成传统补间动画。

（16）在"时间轴"面板中创建新图层并将其命名为"磁带"。选中"磁带"图层的第 90 帧，按 F6 键，插入关键帧。将"库"面板中的图形元件"磁带"拖曳到舞台窗口中，并放置在适当的位置，如图 16-164 所示。

（17）选中"磁带"图层的第 100 帧，按 F6 键，插入关键帧。选中"磁带"图层的第 90 帧，在舞台窗口中将"磁带"实例垂直向下拖曳到适当的位置，如图 16-165 所示。

图 16-164

图 16-165

（18）用鼠标右键单击"磁带"图层的第 90 帧，在弹出的快捷菜单中选择"创建传统补间"命令，生成传统补间动画。

5. 制作场景动画 3

扫码观看
本案例视频

（1）在"时间轴"面板中创建新图层并将其命名为"底图"。选中"底图"图层的第 115 帧，按 F6 键，插入关键帧。将"库"面板中的图形元件"底图"拖曳到舞台窗口的中心位置，如图 16-166 所示。选中"底图"图层的第 200 帧，按 F5 键，插入普通帧。

（2）选中"底图"图层的第 120 帧，按 F6 键，插入关键帧。选中"底图"图层的第 115 帧，在舞台窗口中选中"底图"实例，在图形"属性"面板中，选择"色彩效果"选项组，在"样式"选项下拉列表中选择"Alpha"选项，将"Alpha"数量设为 0。舞台窗口中的效果如图 16-167 所示。

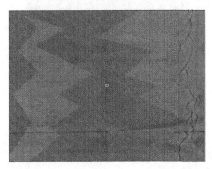

图 16-166

图 16-167

（3）用鼠标右键单击"底图"图层的第 115 帧，在弹出的快捷菜单中选择"创建传统补间"命令，生成传统补间动画。

（4）在"时间轴"面板中创建新图层并将其命名为"水墨"。选中"水墨"图层的第 120 帧，按 F6 键，插入关键帧。将"库"面板中的图形元件"水墨"拖曳到舞台窗口中，并放置在适当的位置，如图 16-168 所示。

（5）选中"水墨"图层的第 130 帧，按 F6 键，插入关键帧。选中"水墨"图层的第 120 帧，在舞台窗口中选中"水墨"实例，在图形"属性"面板中，选择"色彩效果"选项组，在"样式"选项下拉列表中选择"Alpha"选项，将"Alpha"数量设为 0，如图 16-169 所示。舞台窗口中的效果如图 16-170 所示。

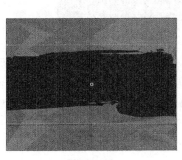

图 16-168

图 16-169

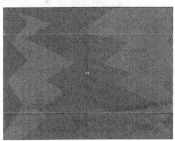

图 16-170

（6）用鼠标右键单击"水墨"图层的第 120 帧，在弹出的快捷菜单中选择"创建传统补间"命令，生成传统补间动画。

（7）在"时间轴"面板中创建新图层并将其命名为"耳机 2"。选中"耳机 2"图层的第 130 帧，按 F6 键，插入关键帧。将"库"面板中的图形元件"耳机 2"拖曳到舞台窗口中，并放置在适当的位置，如图 16-171 所示。

（8）选中"耳机 2"图层的第 135 帧，按 F6 键，插入关键帧。选中"耳机 2"图层的第 130 帧，在舞台窗口中将"耳机 2"实例水平向左拖曳到适当的位置，如图 16-172 所示。

（9）用鼠标右键单击"耳机 2"图层的第 130 帧，在弹出的快捷菜单中选择"创建传统补间"命令，生成传统补间动画。

图 16-171

图 16-172

（10）在"时间轴"面板中创建新图层并将其命名为"文字 1"。选中"文字 1"图层的第 135 帧，按 F6 键，插入关键帧。将"库"面板中的影片剪辑元件"文字动"拖曳到舞台窗口中，并放置在适当的位置，如图 16-173 所示。

（11）在"时间轴"面板中创建新图层并将其命名为"文字 2"。选中"文字 2"图层的第 175 帧，按 F6 键，插入关键帧。将"库"面板中的图形元件"文字"拖曳到舞台窗口中，并放置在适当的位置，如图 16-174 所示。

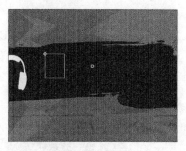

图 16-173

图 16-174

（12）选中"文字 2"图层的第 185 帧，按 F6 键，插入关键帧。选中"文字 2"图层的第 175 帧，在舞台窗口中选中"文字"实例，在图形"属性"面板中，选择"色彩效果"选项组，在"样式"选项下拉列表中选择"Alpha"选项，将"Alpha"数量设为 0。舞台窗口中的效果如图 16-175 所示。

（13）用鼠标右键单击"文字 2"图层的第 175 帧，在弹出的快捷菜单中选择"创建传统补间"命令，生成传统补间动画。

（14）在"时间轴"面板中创建新图层并将其命名为"皇冠"。选中"皇冠"图层的第 180 帧，按 F6 键，插入关键帧。将"库"面板中的图形元件"皇冠"拖曳到舞台窗口中，并放置在适当的位置，如图 16-176 所示。

（15）选中"皇冠"图层的第 185 帧，按 F6 键，插入关键帧。选中"皇冠"图层的第 180 帧，在舞台窗口中将"皇冠"实例水平向左拖曳到适当的位置，如图 16-177 所示。在图形"属性"面板中，选择"色彩效果"选项组，在"样式"选项下拉列表中选择"Alpha"选项，将"Alpha"数量设为 0。舞台窗口中的效果如图 16-178 所示。

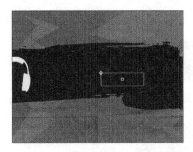

图 16-175

图 16-176

图 16-177

图 16-178

（16）用鼠标右键单击"皇冠"图层的第 180 帧，在弹出的快捷菜单中选择"创建传统补间"命令，生成传统补间动画。

（17）在"时间轴"面板中创建新图层并将其命名为"动作脚本"。选中"动作脚本"图层的第 200 帧，按 F6 键，插入关键帧。选择"窗口 > 动作"命令，弹出"动作"面板，在"脚本窗口"中设置脚本语言，如图 16-179 所示。设置好动作脚本后，关闭"动作"面板。在"动作脚本"图层的第 200 帧上显示出一个标记"a"，如图 16-180 所示。音乐类节目片头制作完成，按 Ctrl+Enter 组合键即可查看效果，如图 16-181 所示。

图 16-179

图 16-180

图 16-181

16.5 课堂练习——制作时装节目片头

 练习知识要点

使用矩形工具和椭圆工具绘制图形，制作动感的背景效果；使用文本工具，添加主题文字；使用任意变形工具，旋转文字的角度；使用"动作"面板，设置脚本语言。效果如图 16-182 所示。

图 16-182

扫码观看　　　扫码观看　　　扫码观看　　　扫码观看　　　扫码观看
本案例视频　　本案例视频　　本案例视频　　本案例视频　　本案例视频

 效果所在位置

云盘/Ch16/效果/制作时装节目片头.fla。

16.6　课后习题——制作卡通歌曲片头

习题知识要点

　　使用"导入到库"命令，导入素材文件；使用"帧"命令，延长动画的播放时间；使用"新建元件"命令，创建影片剪辑；使用"插入关键帧"命令，制作帧动画效果；使用"动作"面板，添加动作脚本；使用"声音"文件，为动画添加音效，使动画变得更生动。效果如图 16-183 所示。

扫码观看　　扫码观看
本案例视频　　本案例视频

图 16-183

 效果所在位置

云盘/Ch16/效果/制作卡通歌曲片头.fla。